理解和改变世界

[法] 约瑟夫·希发基思（Joseph Sifakis）/ 著
唐杰　阮南捷 / 译

从信息到知识与智能

UNDERSTANDING AND CHANGING THE WORLD

中信出版集团 | 北京

图书在版编目（CIP）数据

理解和改变世界 /（法）约瑟夫 · 希发基思著；唐杰，阮南捷译 . -- 北京：中信出版社，2023.7 （2024.9 重印）
ISBN 978-7-5217-5526-8

Ⅰ . ①理… Ⅱ . ①约… ②唐… ③阮… Ⅲ . ①人工智能－技术哲学－研究 Ⅳ . ① TP18-02

中国国家版本馆 CIP 数据核字（2023）第 048603 号

理解和改变世界
著者：［法］约瑟夫 · 希发基思
译者：唐杰　阮南捷
出版发行：中信出版集团股份有限公司
（北京市朝阳区东三环北路 27 号嘉铭中心　邮编　100020）
承印者：河北鹏润印刷有限公司

开本：787mm×1092mm　1/16　　印张：16.25　　字数：252 千字
版次：2023 年 7 月第 1 版　　印次：2024 年 9 月第 4 次印刷
京权图字：01–2023–1701　　书号：ISBN 978–7–5217–5526–8
定价：79.00 元

服务热线：400–600–8099
投稿邮箱：author@citicpub.com

所有人都天生渴求知识。

亚里士多德　《形而上学》

目录

Part 3　意识与社会

序言

这本书的内容之广泛、目标之雄心勃勃，已经超出了我所具备的科学和技术知识的范围。我想简要地说明一下促使我写这本书的动机。

20 世纪 80 年代初期，我开始意识到我对应用逻辑和数学语言理论的研究是与哲学问题直接相关的，尤其是有关意识和语言的问题。

我就这样开始阅读相关的图书，并对哲学产生了兴趣。我必须说，尽管我尽了最大的努力，但我仍然无法在令人眼花缭乱的哲学理论的迷宫中理出头绪。令我困扰的是，许多哲学家的思想其实并不严谨。他们所说的内容更应该归于文学而不是哲学。这很可能是由于某些人碰巧对文字的运用达到了炉火纯青的地步，他们知道如何写出优雅而令人兴奋的文章。然而，大多数哲学家并没有说服我，因为我拥有工程师严谨、务实的头脑。我发现很多人都在玩弄术语，他们创造出新的术语而不关心这些术语与现有概念的关系。尤其让我印象深刻的是，随着哲学甚至科学的发展，形成了一些封闭的团体。它们由“权威”的神职人员组织，这些人使用神秘的术语，让“外行们”完全无法理解他们的理论，同时也使他们在外行人眼中具有了合法性。因此，有了所谓的存在主义者、结构主义者、经验主义者、黑格尔主义者等，他们每个人都根据自己的背景、站在自己的角度进行哲学思考，坚持自己的“真理”而无视其他人的观点，也没有考虑过如何用他们的知识去帮助人们过上有价值的生活。这或许可以解释为什么哲学和人文学科的贬值，以及哲学教育的匮乏成了当今这个时代的特点。

我相信，任何知识形成的过程都必须尊重思想的规律，必须基于有充分根据的概念，而且这些概念应当具有明确的定义，它们之间的语义关系也应该是明确的。

经过大量的哲学探索和思考，我在 20 世纪 90 年代末决定从自己确信的和知道的事情开始，严格地推导出我对世界的看法。真相是由人类思想创造和处理的，就其本质而言，它不可能是复杂的。任何实用程序的理论和知识背后的原理都非常简单，无论我们是否使用专业和复杂的技术来对它们进行研究。我认为，我们的社会疏远科学和技术知识是危险的。我们必须为判断科学和技术知识的重要性以及应用这些知识所能产生的影响提供一些方法。

我想逐渐建立一种世界观，在这种世界观中，我总是能将我可以笃信的东西和我不知道的东西区分开来。我们的目标应该是尽可能地突破知识的边界，同时也应该意识到我们自己的局限性。

在我探索的过程中，我很快确定了与知识相关的问题才是重点，因此，意识和语言是其中的关键。

几十年来，我一直在努力研究人类智能，以及计算机是否有可能接近人类的智慧。人们能否通过研究人类行为——同时避免陷入简单化的陷阱——而得出某些有用的、实际的结论，例如，什么是自由意志，管理意味着什么，什么是僵局及其解决方案，等等？

我得出的结论是，世界是两个截然不同但又互补的实体的综合，即物质（能量）和信息——可以看到和可以想到的东西。

我鄙视道德绑架和含混不清。我相信，即使是伦理问题，也有其技术层面。为了过上更好的生活，我们必须对这一层面有所了解，自然而然地，我们首先要确定这种方法的局限性。

促使我进行调查和研究的原因是我意识到我们生活在一个相对主义泛滥的混乱时代。我们几十年来一直生活在危机之中，因此我们迫切需要一种个人哲学——一种能以简单易懂的、非教条主义方式解释（与个人幸福及社会和平与进步有关的）价值观和道德的实际必要性，能帮助我们理解知识的重要性和局限性，加深我们的自我认识，并帮助我们深入研究理解的双重性质（有意识和潜意识、逻辑和直觉、经验和先验）的个人哲学。

真正的问题被彻底隐瞒起来，公众得不到真相；隐瞒这些问题的条件都是人为创造的，这些才是最令人震惊的。与此同时，这些真实的问题被其他虚构的问题遮掩，这使人们迷失了方向，使他们无法有意识地寻求解决方案。对于无可救药的社会来说，科学和技术进步即使不是危险的，也是无用的。如果道德规则不能被完全遵守，那么即使是最完善的法律体系，也不会有效。有形商品无法弥补知识价值的匮乏。

在我 50 年的研究和学术生涯中，我的工作重点是构建具有成本效益、值得信赖的计算机化系统。我早期在系统验证方面的工作成果在系统工程中得到了广泛应用。后来我将系统设计作为一个过程进行了研究（从技术需求到符合要求的人工制品）。这促使我开始研究知识在解决问题时的作用及其固有的复杂性和局限性。在过去的 10 年里，我一直致力于自主系统的设计，尤其是自动驾驶汽车的设计。我对自主系统设计的研究经历深深地影响并启发了我，让我产生了本书所提出的关于智能和意识的想法。

我相信判断智力的标准不能仅仅靠问答游戏。人工智能的目的是构建可以在复杂组织中替代人类执行任务的人工代理系统。因此，除了解决计算难度大的问题外，它还涉及具有挑战性的系统工程问题，这些问题往往会被人们低估。

我的愿望和责任是在书中展示知识（作为独立于物理实体的无形实体）的重要性，并让人们知道，了解知识的发展和运用的过程是有必要的；展示源自信息学的新概念和模型是如何帮助我们深化个人和集体意识的；展示我们社会的所有结构如何首先发挥信息系统的作用，而信息系统的正常运作则取决于可靠的知识能够进行顺畅和及时的交流。

这一努力是我向读者介绍知识概念及其多种形式和用途的第一步，我希望它能让读者从知识论的视角看待世界，并让他们能够认识到自己既作为公民又作为个人，应当如何正确行事。

我的想法受到许多图书的影响，与同事和好朋友交流观点也给我颇多的启发。感谢克里斯蒂安·卡鲁德阅读了书稿并提出了富有洞察力和建设性的意见。

我要感谢阿莫斯出版集团总监乔格斯·海奇亚科沃，他从一开始就信任这本书，并用希腊语出版了第一个版本。我还要衷心感谢丹尼尔·韦伯，他凭借自己的能力、勤奋和才华将希腊文本的修订版翻译成了英文。

最后，如果没有我妻子奥尔加始终如一的全力支持，我不可能写出这本书。她热爱所有崇高而美好的事物。她与我的精神交流和经验分享都是催化剂，不断激励着我，让我形成了关于本书的核心思想，并使之越来越明晰。

引言

本书的核心观点是，知识是有用的和有效的信息，它可以让我们理解世界并改变世界，从而满足我们对物质和精神的需求。因此本书没有任何意识形态或哲学偏见，完全依赖计算和逻辑理论的概念与原则，对知识的各个方面进行分析，并对人类或机器使用知识的过程中可能的问题进行探讨。就本书的内容而言，我将尽量寻求一种平衡，既不会像通俗读物那样避开本质问题，说一堆耸人听闻的话，也不会像科技或哲学类书籍那样艰深晦涩、拒人于千里之外。

本书将首先介绍“信息”这一概念。作为一个无形的实体，信息对计算机和生物有机体都至关重要。随后，本书根据知识有效性和真实性的程度，采用统一的方式来考察知识的各个方面，包括经验知识、科学技术知识、数学知识，以及用于组合不同类型知识以解决问题的元知识。其次，本书还讨论了发展知识的不同机制和过程，以及它们之间的相互关系，并考察了它们的主要特点和局限性。这些为讨论“智能”的概念，以及比较人类和人工智能提供了一个基础。

目前的人工智能发展水平仅能解决某些特定的问题，我们称之为弱人工智能。本书将尝试分析从弱人工智能到人类智能（有时也称为强人工智能）的技术挑战。通过分析我们认为，仅仅通过机器学习技术的增量式改进，无法实现强人工智能的目标；开发值得信赖的自主系统，才是缩小机器智能和人类智能之间差距的关键一步，在这方面，工业物联网已经抢先了一步。

本书还讨论了“自主行为”模型的五个基本功能的特征。随后我对这个模型进行扩展，用来描述人类意识的一些关键特征。这个扩展的模型，引出一种计算方案，它将意识行为解释为博弈的过程；在博弈中，决策将寻求“需求”和“成本”之间的平衡。

最后，本书将个人意识的模型扩展为集体意识的模型，后者是由培养共同价值体系的制度塑造的。通过分析人类社会和信息系统的基本组织原则和危机（表现为各自在应用过程中的失败），本书将证明这样一个论点：人类社会即信息系统。

本书与科技哲学领域那些关注知识论（epistemology，来自希腊语“episteme”，意为科学）的书不同，后者主要探讨人类获取知识的过程。但考虑到知识的多样性，本书将把视野放得更为广阔，探讨的知识并不局限于人类对现象的理解，而是更为广义上的知识，因此本书对应的学术术语可能用“认知论”（gnoseology，来自希腊语“gnosis”，意为知识）更为合适。

本书所采取的方法，能够清楚地将物理现实与其模型区分开来。它遵循逻辑学家的二元论传统，强调逻辑和语言的重要性。这里所考虑的“信息”概念是纯逻辑的，与量子物理学或通信理论中的“信息”概念有所不同。从某种角度来说，本书并不完全认同“信息和知识只是物理现象涌现出来的属性”这一观点。

为了降低本书的阅读难度，我将在不损失原意的情况下，尽可能简明地阐述我的观点。当然，必要的时候，也会加上一些略带技术性的内容，但总体来说，内容还是偏科普性的。读者在第一遍阅读时，可以略过那些技术性较强的部分。

另外，从字里行间，大家可能会留意到我对古希腊文学的热爱，尤其是在参考文献和引文部分。我希望这些内容能引起国际读者的兴趣，它们能够让你更深入地了解人类寻求知识、发展心智的曲折历程。

书中讨论的问题很新，涵盖范围也很广，所以列一个长长的参考文献目录，感觉很没有必要。所以，我在书中仅列了一些网站，特别是维基百科。大家如果想阅读更多文献，可以通过网站上列出的链接来扩展阅读。

本书由三部分组成。

第一部分包含三个章节，主要介绍了“知识是有用的和有效的信息”这一论点，以及计算机和人类是如何处理和管理知识的。

第 1 章探讨了知识的三个本质问题：目的论、本体论和认知论。我将详细分析，从方法论和逻辑论的视角，为什么只有认知论的问题才能严格求解。

在第 2 章中，我们列出了信息论的一些基本概念。我会用尽可能简单的术语解释知识为什么可以被定义为信息，并探讨知识发展和应用所带来的关键问题，会着重分析科学知识和技术知识之间的联系。

在第 3 章中，我们讨论了知识发展的基本原则（对现实进行简化抽象），以及这个原则带来的局限性。

第二部分包含两章，分析了计算过程与物理现象之间的关系，以及机器和人类对知识的生产和运用。

第 4 章探讨了信息学和物理学之间的关系，通过基本概念和模型的对比，我将着重讨论这两个知识领域如何相互借鉴。

第 5 章探讨人类智能和人工智能的区别，并试图回答这样一个问题：计算机是否能够，以及在多大程度上接近人类的心智水平。本章介绍了自主系统。这些系统，被认为有望实现强人工智能，并在复杂操作中取代人类。本章还讨论了滥用计算机和人工智能可能带来的风险，这些风险可能真实存在，也可能仅仅是臆想。

第三部分由两个章节组成，主要内容是根据先前的认知论观点对个体意识的功能进行分析，随后讨论了个体意识对社会组织的影响。

第 6 章将意识能力看作一个自主系统，该系统能够基于价值标准和积累的知识，来管理短期和长期的目标。

第 7 章讨论了在社会环境中价值观是如何形成的，以及每个人的主观经验是如何具备客观性的。这种客观性可以作为一种社会现象来研究。本章还分析了制度在塑造和维持共同价值观方面的作用，此外还探讨了民主的原则。

结语部分，对本书的主要结论以及我们未来将要面对的问题进行了总结。

Part 1

对世界的认知论视角

在本部分，我们将阐述，知识是有用的和有效的信息，以及人类和计算机是如何对知识进行开发和管理的。

- 我们指出关于知识的三类基本问题：目的论的、本体论的和认知论的。在这三类问题中，只有认知论的问题，才能严格地从方法论和逻辑的视角来处理。
- 我们概述了信息学的基本概念，并解释了知识为什么被定义为信息。
- 我们讨论了知识发展的基本原则——对现实进行简化抽象，以及这个原则带来的局限性。

第 1 章

关于知识的基本问题

三个基本问题：Why，What，How

我们在理解世界的过程中，提出了三类关于知识的基本问题。

其一是目的论的问题（Why），我们期望从现象中找到一个目的，例如“世界为什么会形成”“我们为什么会存在”等。“为什么”这个词的使用，体现了人类的意志，这也是人类意识的一个特征。因此，这些问题的答案并不受理性控制，也超出了实验验证和分析的范畴。

其二是本体论的问题（What），它涉及“存在”的本质。例如，“世界是否存在于我们的感官和思想之外”或者“世界是由其元素组成，但作为整体的它究竟是什么”。这些都是关于“是什么”的问题。之所以问这样的问题，是因为我们没有把现实和现实的模型区分开来，后者只是我们的大脑用来理解现实的抽象概念。如今，随着量子力学和计算机科技的发展，人们已经普遍认识到世界及其模型是两个独立的东西。我将在后面解释为什么说本体论的问题也不适合理性作答。

其三是认知论的问题（How），其关注的是“如何”“怎样”。例如，世界如何变化、我们如何思考、如何建造建筑，以及鸟类如何飞行等。这些问题的答案使我们能够理解或改变世界。这类知识可以是科学的、技术的、数学的或纯经验的，对此我将在下文进行解释。它们由一系列关系组成，我们可以通过逻辑、经验或其他适当的方法对这些关系进行验证。

上面这种分类为知识的基本问题建立了一种清楚且严格的分类方法。对于目的论和本体论的问题，我们没有任何逻辑的或经验的标准来判断答案是否合理。只有当问题被表述为明确定义的概念之间的关系时，才值得尝试从认知论的角度去回答它们。

值得注意的是，这三类问题是相互独立的。无论你对“Why”和“What”持有的信念是什么，在逻辑上都不会影响你对这个世界的认知。认知不取决于你是佛教徒还是无神论者，也不取决于你是否相信数字独立于人的思想而存在。

然而，为了避免误解，我必须强调，我并不否认目的论和本体论问题在个人哲学中的重要性。只是每个人的答案都是基于他个人的信念，并没有一个客观的判断标准。

宗教与科学之间时常发生争论，其原因就在于双方混淆了问题分类的边界。宗教去回答认知论的问题（如关于日心说的争论），或者科学涉足形而上学的目的论领域，都会引起冲突。有些科学家经常会忽视科学理论固有的局限性，以及科学知识的相对性，以不恰当的方式滥用科学，关于这个问题我将在后面讨论。

目的论：Why

最难回答的是关于“Why”的问题，这些问题从我们很小的时候就开始折磨我们。世界为什么存在？我们为什么在这里？人为什么生老病死？我们为什么有意识？……你可以想到很多类似的问题。所有这些问题都与探寻目的有关。我们在寻找所看到的一切事物的相互关系。即使我们回答了“为什么”（如“我们为什么会死”），也会引出更深层次的“为什么”。这会产生一条永远没有尽头的问题链条，导致目的论的问题最终无法用理性来回答。为了终结这个链条，柏拉图设想，大自然是由一个智慧的创造者根据预先存在的固定模式而设计的。

亚里士多德是首位明确提出目的论的人，他批评德谟克利特过于强调物理定律，而没有指出任何“最终目的”——“仅仅因为我们看不见，就说大自然没有目的性，这是荒谬的”。他的这个观点，也为后来的基督教神学家和哲学家所推崇。

古希腊人事实上并没有过多地追问世界存在的目的，他们的问题更多的是"What"和"How"。然而随后，目的论哲学思想在犹太教和基督教的影响下，其核心思想变成了"上帝已经为人类安排好了一切"。"安排"这个词的含义太丰富了，在希腊语中并没有一个能与它精确对应的词，这或许并非偶然。

有趣的是，坚持历史唯物主义的马克思和恩格斯，对社会历史的进程也采取了"目的论"的态度，不同之处在于他们用经济决定论取代了上帝。

在严格的逻辑推理中，目的论的思想最终会化为靠修辞维系的虚幻想象，而这并不影响探究知识的方式。当然，人们不会放弃从目的论的角度去解释现象背后的规律，但这在逻辑上是多余的。有些人可能会给质量 / 能量守恒定律赋予更崇高的目的，但这并没有任何理性的依据。

本体论：What

巴门尼德可能是第一个提出"存在"及其重要性的思想家。帕特农神庙矗立在那里，它是一个"存在"。然而，我以我的方式看待它，游客以游客的方式看待它，建筑师和考古学家也分别会以他们自己的方式看待它。帕特农神庙由大理石构成，这是一个客观的事实，但其整体形象在不同人的眼中代表着不同的意义，那么它的“存在”究竟是指什么呢？

巴门尼德并不认可感性的世界——“他以理性为标准，并宣称感觉是不可靠的”。他认为“存在”之物，应能通过“理性”来辨识、决定和定义。换句话说，对现实的理解可以被简化为思想的解释过程。这种观点下的知识是相对的，其抽象于现实，而又独立于现实。每个人看到的现实都会有所不同，当然这与大家存在共识并不矛盾。因为我们可以通过沟通交流——通过社会互动形成共享知识——来实现。

对事物的绝对本质和对“存在”的纯粹的追求，一直以来都困扰着科学和哲学思想，而且这种困扰如今依然存在。在古希腊时期，亚里士多德认为应当重视“矛盾律”和“排中律”等基本逻辑原则，而赫拉克利特却认为事物只是按一定规律进行运动变化而已。在20世纪初期，一场关于电子的本质是波还是粒子的争论，颠覆了整个物理学。许多重要的思想家都看到了一个明显的逻辑矛盾，电子“同时”为粒子（离散的）和波（连续的）。而海森堡、薛定谔等人通过“将量子理论视为对经典逻辑的扩展或修订”解决了这一矛盾，他们提出“电子既是粒子也是波”。

然而，如果我们接受了巴门尼德式的存在观，不去追究电子“到底是什么”，那便可以摆脱这些悖论。悖论之所以能够解决，是因为我们认为，根据人们观察事物的方式不同，同一个现象可以与具有不同特征的模型相符，而这不一定意味着逻辑上的矛盾。“存在”就是“它是什么”，而对这一问题，我们只能根据从存在中抽象出的理论，在精神上进行理解。只要理论能考虑到存在的多个侧面，其多样性就不一定会导致逻辑矛盾。当然，当两个或多个理论都适用时，就会出现一个有趣的问题，即这些理论之间的关系是什么——量子力学就是最好的案例，波动力学、矩阵力学等许多不同的理论都能完整地解释观测到的量子现象。

另外，我们也可以理解赫拉克利特的思想，他提出对“存在”应当辩证地认识。对立事物的和谐统一不会导致逻辑上的矛盾。这是理解“存在”的一种范式，即不要将其视为静态的东西，而应当将其视为“不断发展的过程”。演化、运动以及一切变化都是各种相反的力综合的结果，这些力会根据自身的平衡来改变“存在”的平衡点。

认知论：How

关于“How”的问题更适合用理性进行调查。蛤蜊怎样繁殖？力与加速度之间有怎样的关系？如何建造房屋？怎么解决数学问题？如何避免通货膨胀？这些问题的答案涉及的是概念与对象之间的关系。它们构成了我所说的知识，我将在下面精确地定义这个概念。

我需要强调一下，这些“How”的问题既注重对实际情况的理解，也注重对问题的解决。此外，它们不仅涉及物理世界，还涉及对心理过程的抽象。

知识由问题和答案组成，问题的答案并不唯一，而这些答案具有普遍性，且应独立于个人经验。知识必须能够通过经验或逻辑的方法来验证其真实性。这就是为什么有些人会认为，我们只能理解物理世界以及他们所谓的“客观现实”；而意识等精神现象，只有在物理规律的基础上，才能被理解。这最终导致世界被分为两个部分：一部分是客观的物理现象，这些现象是各种力场中粒子“博弈”的结果；另一部分是知觉和意识的世界，即每个人的主观经验。但正如哲学家约翰·罗杰斯·塞尔指出的，这种区分会导致一个错误的二分法。从本体论角度来讲，意识当然是一种主观体验，死亡或痛苦都是主观的。但从认知论的角度来讲，意识却是客观的，因为它们能够以某种明确的方式被确定。因此，研究一个人死亡的原因或痛苦的产生和治疗，是有意义的。

第 2 章

信息和知识

信息学的诞生

自古以来，人类不断发明制造各种机器来增强身体的能力，所建立起来的技术文明已经彻底改变了世界。另外，人类也通过各种方式来增强心智能力，这个道路始于语言的出现，随后则是文字的产生以及印刷术的发明。现在，在这条道路上，由于计算机的出现，我们又达到了另外一个伟大的里程碑。在过去的 60 年中，我们经历了信息革命，以及由此带来的知识革命，大幅增强了人类的心智能力，这是因为计算机在计算速度和准确性方面远远超过人类。虽然创造力和理解世界的能力仍然是人类的特权，但计算机在很大程度上弥补了人类心智能力的短板。

这一切都得益于一个新兴的知识领域——信息学。信息学是由英国数学家艾伦·图灵于 1936 年创立的。他构建了一个数学计算模型，即以他的名字命名的“图灵机”。剩下的，或多或少都是历史了。得益于电子和材料技术的发展，人们很快便开发出了计算机。第一台计算机的制造，是为了军事目的。在此后的 60 年代，计算机开始逐渐商业化。随后，人们把计算机与通信网络连接起来，这为互联网的建立铺平了道路。另一个重要的进展是，将计算机应用到嵌入式系统当中，来控制生产流程以及开发服务。今天，有超过 95% 的集成电路是嵌入式的，它们隐藏在各种设备中，默默行使着自动化的功能。

信息学在最初被认为是一项介于数学和电子学之间的技术。但随着这么多年的发展，信息学已经成长为一个独立的知识领域，与其他学科存在显著的不同。如今，信息学已经是一个远超“计算机科学”的重要知识领域。而另一方面，正如艾兹赫尔·韦伯·迪杰斯特拉曾经说过的，“计算机科学并不局限于计算机，正如天文学不局限于望远镜一样”[1]。

尽管信息学很重要，但在小学和中学的教育中却并未得到相应的认可。它不像物理学或生物学那样受到重视，而更多的是作为一种技术来教授，学生也不会去深入钻研计算理论。无论是普通民众还是决策层，都没有意识到信息学作为一门知识的重要性——它不仅可以从根本上改变我们对世界的看法，甚至还可以改变人类的存在方式。

事实上直到20世纪末，所谓的“精密科学”还一直都是科学思维的主流。作为一名学者，我有机会与许多著名的科学家进行交流，让我惊讶的是，他们对信息学的重要性竟然也全然不知。确实，科学家总是试图把世界万物解释为粒子排列组合的结果，将整体解释为各个部分的综合。这种还原论方法希望复杂现象能够通过简单现象的叠加“涌现”出来。正如理查德·道金斯所描述的那样：“我的任务就是用物理学家所理解的或正在研究的简单事物，来解释大象这种复杂事物。”[2]但是，这种方法无法解释什么是信息以及什么是计算。有时，它甚至会导致荒谬的结论，例如史蒂芬·霍金就声称“大脑可以脱离身体而存在”[3]。换句话说，他相信只要将其大脑储存的信息放在存储硬盘中，他就可以永生。这样的说法显示出他对什么是信息以及认知和意识如何工作的极度无知。遗憾的是，这些论调却往往能引起媒体的共鸣。

我想尽可能简单地解释信息和计算的本质是什么。毋庸多言，哪怕到现在，即使是计算机科学家对这些概念也还没有完全达成一致。

关于信息学与其他知识领域之间的关系的争论，会引出很多深刻而微妙的认识论问题。我的目的不是为这些问题提供答案，这些问题在未来很长一段时间内也可能不会有答案。我要提出的是一个将信息学与其他知识领域进行比较的方法论框架。另外，我会解释当今的计算机可以实现什么，其固有局限是什么，以及如何利用计算机促成富有成效的跨学科合作。

什么是信息

信息学是对信息转换过程中的计算问题进行研究的学问，也就是我们可以计算什么以及如何计算。

然而，什么是信息呢？

我先举些例子。当我看到符号 4、100、δ、IV 时，我可以将它们分别解释为十进制、二进制、古希腊字母和罗马数字系统中的“四”这一概念。用什么符号来代表什么概念是约定俗成的问题；如何解读这些符号中编码的信息，则取决于看到这些符号的人是否熟悉这个约定，这种熟悉可以通过经验，也可以通过教育学习得到。对于所有非色盲的人来说，红色就对应于“红色”的概念，而苹果的照片让人想起“苹果”的概念。相反，对于麦克斯韦方程组，只有熟悉电磁学的人才能理解其中的信息。线形文字 A[①] 如今并没有被破译，所以就不能传达信息。

信息可以被定义为一种符号语言和一组概念之间的语义关系。符号语言由一组基本符号表示，通常包括一个字母表和一些规则，

① 古代克里特岛上出现的一种文字，至今未被破译。——译者注

这些规则规定了符号如何组合（结构化）以形成更复杂的单元，例如单词和短语。一个熟知的例子就是自然语言。相同的概念在不同语言中有不同的表达方式，而这些表达方式所传递的信息却都与那个概念存在对应关系。此外，除了自然语言，还有编程语言、数学语言、像素表示的图像语言、手语等等。

信息是如何产生的？首先，我们必须定义符号语言，包括一组符号及相应的语法。所谓语法，即一组规则，通过这些规则对符号进行组合，从而形成更复杂的实体（如单词和短语）。这种定义不需要非常严格，可以是从实践经验中涌现出来的，但它需要体现出符号和概念之间的关系，如图 2–1 所示。

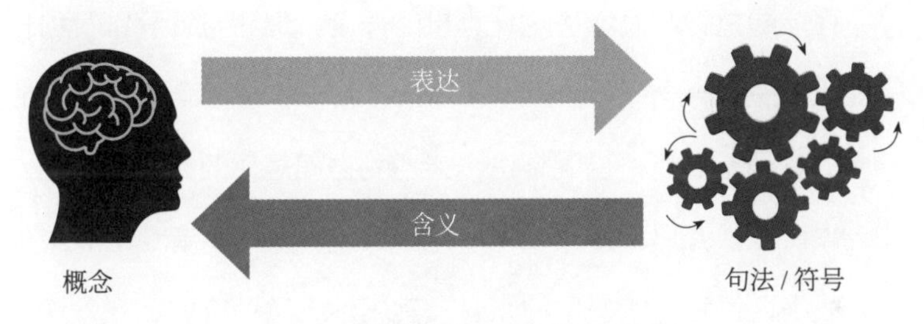

图 2–1　信息是符号和概念之间的关系

首先，符号语言需要对概念进行编码和表示。

而反过来，将符号表示与概念关联，通过解码这些表示，从而为符号语言提供语义或意义。需要注意的是，这种关系必然是组合关系：一个短语的意义是由其组成单词的意义和词组的结构所决定的。“我把书给乔治”这个短句的意义是由“我”“把”“书”“给”“乔治”这些词的意义组合，同时借助主、动、宾等的语法结构来确定的。

我暂时不打算解释意识和概念是什么。我把它们视作某种给定的东西——就像在物理学中，能量和时间被认为是给定的一样，尽管它们在物理学当中其实是很深奥的。

现在，我想强调一下信息的一些固有特征，并解释作为一个实体，其与物理实体为什么截然不同。

- 与物理世界的基本实体（物质、能量等）不同，信息是一种独立于时空的抽象关系。我们对世界的所有概念和知识都与空间和时间无关，例如，一个由程序计算的数学函数。当然，程序的执行时间取决于计算机的速度，但这与计算本身的性质无关。
- 信息是无形的，也就是说，它不受物理规律的约束。虽然它需要一种介质（物质或能量）来表现，例如声音、图像或电波等，但它与所使用的媒介及其属性无关。例如，我发送一封电子邮件，它可以由收件人阅读并口头传达给第三方，第三方可以将其转换成文字，等等。信息就是消息的内容。在传输信息的过程中，无论采用何种编码和传输方式，重要的是保持信息内容不变。

很多年前，我在印度给一些天才儿童讲课时，一个小男孩举起手问我：“先生，信息有重量吗？”我反问他：“你觉得，如果删掉电脑里存的东西，它的重量会改变吗？”他回答得很正确：“不会。”这也让我想起了一个笑话，一个父亲和他的儿子正在吃瑞士奶酪，那是一种满是孔的奶酪。男孩好奇地问道：“爸爸，我们吃的奶酪进了胃里，但这些洞去哪儿了呢？”这正是信息的本质：它是一种结构，一种我们可以赋予意义的媒介的结构。

计算就是信息的转换，这个过程可能会导致语义内容的产生、丢失或储存，这是一个更技术性的话题，我们可以稍后再讨论。在我看来，有一个关键共识，即创造信息是大脑的专属；计算机不能生成信息，算法只是程序员定义的对信息的转换。

虽然信息是无形的，但在现代经济中，它却比有形的商品更为重要。这就是为什么我们会提到无形经济或知识经济。在很大程度上，是我们大脑中的信息含量，决定了我们是谁。想象一下，有那么一瞬间，如果你的记忆被抹去了。从外表看，你还是同一个人，具有相同的身体特征；但在本质上，你已经不再是“你”了。

最后，我需要说明的是，我所介绍的信息的概念是由艾伦·图灵定义的，这个定义是信息学的基础。我们不能把它与另一个定量信息的概念相混淆，即我们通常所说的“语法信息”，后者强调的是表示或传输信息所需要的最小内存或最小媒介量。

我也参考了香农的理论[4]和其他类似的理论，这些理论确定了具有某种结构的信息内容的度量标准，而与它的意义无关。这些理论对信息经济很有用，即从消耗自然资源的角度来评估信息存储

（内存）或传输（信道带宽）的成本。然而，它对我们理解什么是计算却毫无帮助。

因此，如果在“good morning”的符号序列中，我改变了某些字母的顺序，我将获得具有相同语法信息的序列，不管它们具有什么含义，这就好像一公斤棉花和一公斤黄金的重量是一样的。

但遗憾的是，许多作者却把信息解释为一个物理量，而不关心它与语言和计算的相关性。因此，他们顽固地守着那些一叶障目的人的“勇敢”传统：当无法根据他们喜欢的理论去描述事物时，他们宁可忽略它，也不愿去质疑这些理论的适用性。

关于计算

算法：传统的计算机

算法是解决问题的一系列流程或规则，例如烤蛋糕、估算地球温度或在线购买一本书等。或许我们可以把算法视作对一个数学函数的计算过程：设计一个算法，当给定一个值 x 时，便能计算出函数 f 所对应的函数值 $f(x)$。当然，计算机只能“按部就班地”运行算法，并进行符号转换，它并没有“理解”算法的含义。

由于技术原因，计算机中的信息是用二进制表示的，即计算机语言通常用“0”和“1”两个符号组成的序列来表示。

图 2-2 显示了一个算法的执行过程，该算法要计算“两个整数

之和”，其中两个整数的取值分别为 5 和 7。该算法从 5 和 7 的二进制表示开始，然后一步接一步地按顺序进行计算。一旦所有程序执行完毕，我们就能解码得到数字 12。箭头显示该算法如何把用二进制表示的 5 和 7 不同位次上的符号相加，并为我们输出用二进制表示的数字 12。我们通常用编程语言编写算法，而描述算法的这些程序则代表了我们可以在计算机上运行的一系列指令。

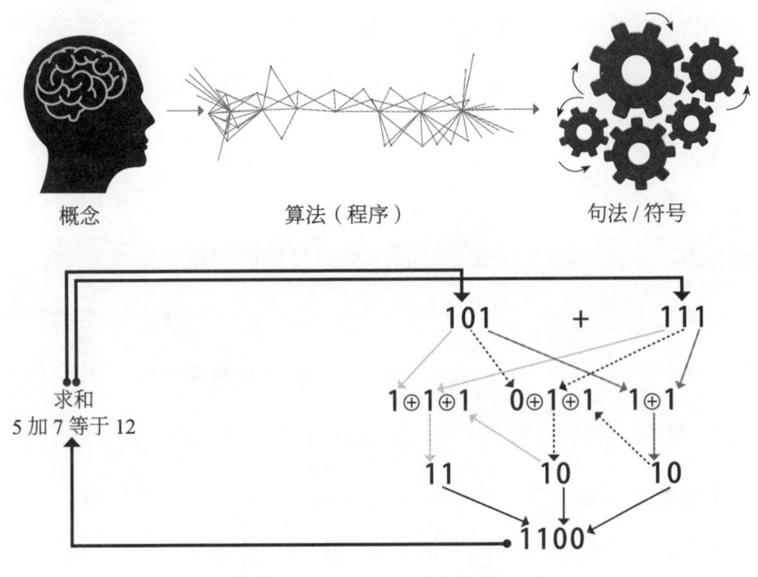

图 2-2　算法：符号变换的过程

我不会对具体算法做过多的解释，但我想强调计算理论中的两个基本原理。

第一个原理是 1931 年由奥地利数学家库尔特·哥德尔证明的。这个定理表明，在所有数学函数中，有些函数是不能通过算法进行计算的。事实上，不可计算的函数集合不胜枚举，远多于可计算的函数的数量（反而是这些可计算函数的数量是有限的）。这样的结果在数学界引起轩然大波，因为显然它限制了我们对大量函数进行精确计算和解决数学问题的能力。不幸的是，偏偏有许多不可计算的函数是非常有用的，比如那些可以用来检查我们编写的程序是否正确的函数。举个例子，短语“程序即将终止”或“计算机内存足以运行程序”的准确性是不可计算的。哥德尔的结论具有重要的实际意义，我们将在下文中讨论。这些结论的直接后果是，人们无法利用计算机来检查我们所编写的程序的正确性。这种理论限制构成了信息学的一种“不确定性原则”。一些不可计算的函数可以做近似计算，当然，随着计算精度的提高，计算成本也会增加。

第二个原理是，运行一个算法的成本取决于这个算法的计算复杂度。计算复杂度是指执行算法时所需的资源数量（内存和时间）。当然，同一个问题可以用不同复杂度的算法来解决，但它们的复杂度不能低于某个阈值。换句话说，就像自然界中存在摩擦力一样，我们在做功的时候，不可避免地会有能量损失；在运行程序的时候，我们也必须消耗资源。一个算法在复杂度方面表现最差的情况是，计算时间或内存消耗的成本与初始数据的大小呈指数相关。

然而，即使是复杂度相对较低的算法，也可能在实际中是不可计算的。

神经网络

需要指出，有一些计算模型与普通计算机所使用的计算模型是完全不一样的。这些模型能模仿自然的计算过程，它们的算法可以是一段程序，也可以是硬件仿真，并没有一个明确的界限。根据这些模型，可以设计出不同类型的计算机，例如模拟计算机、量子计算机和神经网络计算机。

人工神经网络模型是一种模拟我们大脑神经网络的计算模型。虽然早在20世纪40年代中期人们就知道了人工神经网络的原理，但直到最近20年，由于研究的突飞猛进才使它们能够成功地应用于机器学习，并极大地推动了人工智能的发展和应用。

人工神经网络能够有效地克服常规算法难以克服的复杂性问题。让我们举一个简单的例子：假设我想构建一个系统，使得当我在这个系统中输入猫或狗的图像时，系统能够正确地识别出图中的动物。

传统的算法首先要构建各种模型，来表征动物的每一种形态特征，例如动物头部、眼睛、耳朵和鼻子的形状与位置等。基于这种构建，我们需要编写一个算法来分析图像，识别其中的特征模式，最后判断图像是狗还是猫。这种基于模型的算法在分析复杂图片时很难实现，而且计算成本非常高。

机器学习则采取完全不同的、基于经验数据的方法，这种方法不需要做模型分析和相关编程。人工神经网络是一个系统，对于输入其中的每条信息，它都会产生相应的反馈。这个网络会像孩子一样，通过试错来不断学习区分猫和狗。换句话说，我们向系统“展示”大量相关图像并逐步调整其参数，使它最终能做出正确的响应。系统的“训练”过程是自适应的：错误响应的百分比随着训练数据集的增加而减小。

当然，一个孩子只需要几个例子就能学会，而训练人工神经网络系统则需要大量的数据。然而，与传统的运行算法（程序）的系统相比，人工神经网络的优势在于，在一段比较耗时的“训练”之后，对一个输入，它几乎可以立即做出响应。基于此，英伟达和 Waymo 等公司开发出的人工神经网络系统，经过密集的“训练”后，已经能够自动驾驶汽车，其出错率相当低（虽然仍不能忽略）。

知识及其有效性

什么是知识

知识是一种信息，将它结合到某个正确的语义关系网络中，便可以利用它理解某种情景，或针对要实现的目标采取行动。

这个定义表明，知识是有用的信息，因此它应该具有一定程度的真实性和有效性。“太阳绕着地球转”这句话是信息，而不是知识（尽管在过去被认为是知识）。烤馅饼的食谱或解决数学问题的方法是知识，因为它能够让我们实现相应的目标。

正如我们所定义的那样，知识具有普适性和有效性（见图 2–3）。

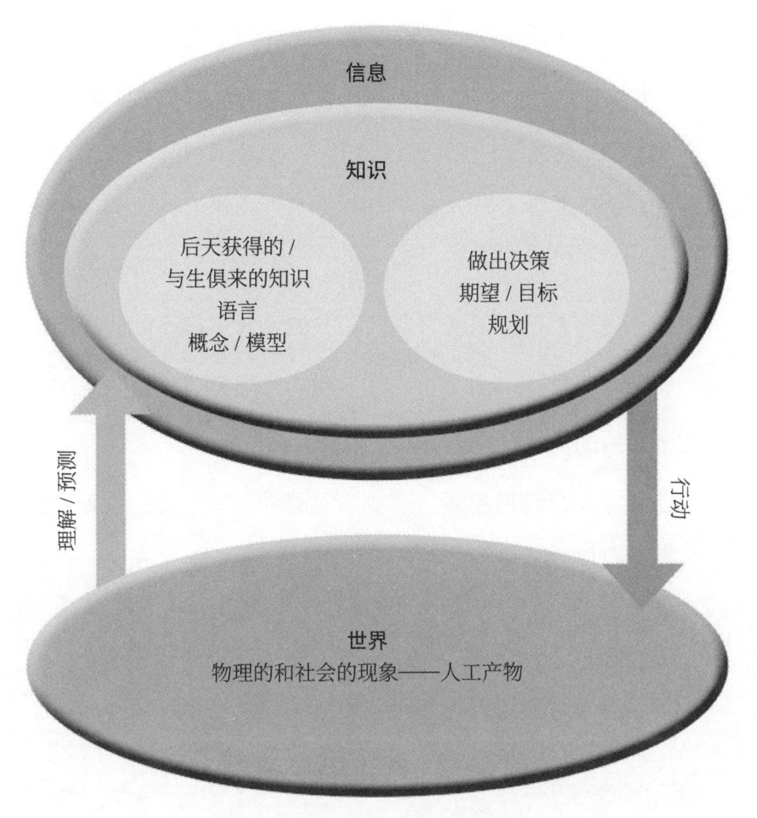

图 2-3　作为信息的知识具有两种应用

- 第一，知识能让我们对周围发生的事情，包括物理世界、社会及其产物，有更深刻的认识。它可以是特定时刻简单、有效的信息，例如某些测量值（我的血压最大值为 14 千帕）、调查的统计结果（45% 的正面意见）或实验知识（声音的速度是 343 米 / 秒）。这类知识既包括科学知识，也包括共享的经验知识。

- 第二，知识能让我们实现目标。在这种情况下，知识与满足需求是相关联的，后者则需要采取行动来改变人或外部环境的状态。这类知识包括技术知识，例如工程师（为了设计房子）或程序员（为了编写程序）所需的知识；也包括内隐的经验知识，例如那些让我们能够正常走路或说话的知识。

下面，我将根据知识的普适性和有效性对不同类型的知识进行分类。此外，我还将说明，知识有不同的发展方式，这些发展方式也决定了知识的传播和应用。

在这一点上，我想强调一下本书的一个基本宗旨。世界只能被理解为物质世界的现象及其心理表征的结合。这种二元论的世界观，区分了两个基本的实体：物质 / 能量和信息。它们分别对应于物质世界中可以观察到的事物（现象）和可以思考的对象（本体）。这是一个非常重要的区别，因为许多人经常把“地图”和“国家”混为一谈，即把世界与其模型混淆了。在这种情况下，人的思维起着关键作用，它是一台“超级计算机”，要么通过解释世界来创造知识，要么通过运用知识，采取行动，实现目标。

上述观点与其他人的观点不同，后者认为物质 / 能量是唯一的基本实体，将心理现象看作涌现的属性（表观现象）。我希望在接下来的章节中证明，这种观点存在固有的缺点。他们无法通过自下而上的方法，把粒子世界作为起点，将语言和意识等心理现象解释为大脑的涌现属性。

反过来，如果只把信息等无形实体放在一个突出的位置上，采用自上而下的方法，也会导致类似的问题。

知识的类型及其有效性

知识的有效性问题一直备受争议，现在更是如此，因为如今不仅人能产生和运用知识，计算机也可以。许多人认为在科学知识和非科学知识之间有一个清晰的界限，但事实却并非如此。

图 2–4 描述了人类或机器产生的不同类型知识的层次分类。

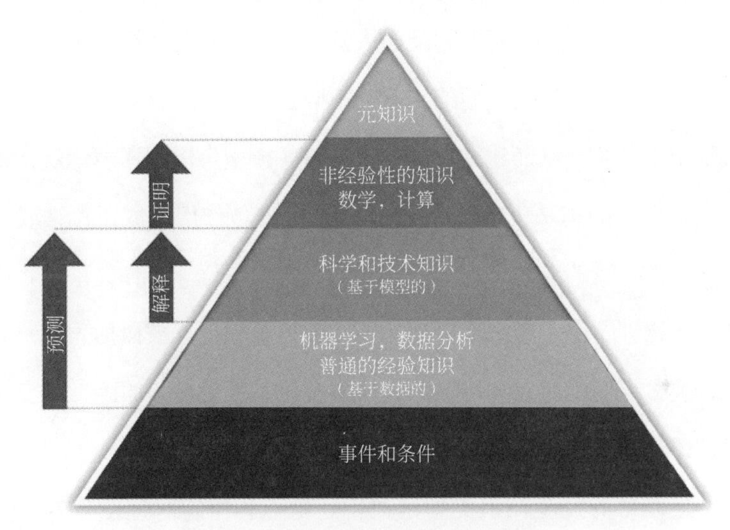

图 2–4　知识金字塔：对知识类型的分类

经验知识和非经验知识之间有一个显著的区别。

经验知识是通过我们的感官在观察和体验的基础上获得并发展起来的。它包括人们通过体验或传授的心理过程自动获得的所有知识。

非经验知识，也称为先验知识，是与我们的经验没有直接关系的心理过程的产物，它的有效性仅取决于推理的一致性。非经验知识所表述的关系是恒定不变的，且独立于物理现象发生的时空。它包括数学和逻辑，以及计算理论等。直线、平面、单位等概念都是先验知识的一部分。勾股定理或哥德尔定理是“永恒的”真理和命题，其有效性只取决于欧几里得几何公理和算术公理的有效性。

更高层次的经验知识是基于数学模型的知识。这种知识包括能合理解释世界的科学知识和能让人安全有效地实现目标的技术知识。下面将详细讨论这些类型的知识。不同于一般的经验知识，它们对观察做出抽象，从而建立数学模型。这些模型可以解释表示观察量的变量之间的关系（定律），例如，加速度与作用力成正比，或者移动物体所受的拉力与物体的速度的平方成正比。这种关系（我们称之为物理定律）带来了可预测性，一旦某个现象被概括为一条规律，那么人们就可以利用这条规律来预测某些变量（原因）的变化对整体运动会造成什么影响。

最简单的经验知识类型是在特定地点和特定时间发生的事实和状况。例如，“雅典今天的温度是 25 摄氏度”描述的是一种状况，“滑铁卢战役发生在 1815 年 6 月 18 日，当天是星期日”描述的是一个事实。这类知识的适用性有限，但对于人们理解世界却是必要的。

我们拥有的大部分知识都是常识性经验知识，我们大部分的智力也都依赖这种知识。它是经验知识泛化的结果，这种泛化可能是在有意识的或者潜意识的过程中发生的。它的有效性取决于它具体的使用。

正是由于这种知识，我们才能完成走路、说话、弹奏乐器、跳舞等活动。这种知识包括所有基于常识的技能和知识，比如我们认为是“显而易见”的隐含关系。因此，即使没有什么推理，我们也知道父母比他们孩子的年龄大；或者尽管我们并不知道物理定律，我们也能理解苹果会掉在地上（见第 5 章“常识智能”小节）。

我将计算机产生的基于数据的知识（如人工神经网络产生的知识）也包含进了常识性经验知识。它显然是经验性的，而且与人类的常识性经验知识具有相同的性质。这种知识具有可预测性，因为人工神经网络计算的是输入（原因）和输出（效果）之间的关系。但它并不具有科学知识所具备的有效性，因为我们不能用数学模型来描述这种映射关系（见后文）。

最后，基于数据分析技术产生的知识既可以是经验性的，也可以是科学性的。

金字塔的顶端是元知识，有人把它称为“智慧”。元知识是用来管理所有形式知识的知识，它使我们能够把各种知识综合起来。元知识包括解决问题的方法、设计方法和决策方法等，同时还包括在专业技能中使用的非形式化的知识。

上述分类表明，根据其发展方式的不同，知识会具有不同程度的有效性和普适性。这种分类让我们能够理解自然智能和人工智能之间的区别，这将在接下来的章节中进行深入讨论。

科学知识

发展科学知识的过程

科学知识帮助我们理解物理世界。科学知识主要是基于分析的思维，将客观现象与心理模型、信息和数学的世界联系起来。正如我在前面已经说过的，科学知识的发展导致了规律的发现，即可观察到的变化由恒定的关系支配着，例如能量守恒定律、万有引力定律、气体定律和供需关系。科学知识的发展遵循三个步骤，每个步骤的实现都会引出不同类型的问题。

第一步，通过模型去描述观察到的现实。

例如，如果我想研究气象，那么首先需要根据一些经验假设建立一个模型。该模型可以是纯数学的形式（如方程组），也可以是其他不太严格或特别的方式。这个模型会描述压力、温度、风向和风速等变量之间的关系。当然，对于同一个现象，可以创建不同的（它们之间不一定是可比的）模型，这取决于可被观察和测量的变量是什么。

对一个现象建模的难度，主要在于认知的复杂度，即为我们正在研究的现象找到合适的数学或心理模型的难度。例如，有一个呈指数增长的现象，如果让古代米利都的数学家泰勒斯来研究，那么显然他是做不到的，因为他只了解比例关系，而不知道指数的概念。我们知道，牛顿要想得出他的理论，就必须发明相关的数学模型（微积分），没有这些模型，他就不可能发现万有引力定律。

因此，我们所能发现的科学规律，取决于我们所掌握的模型。对于一些极其复杂的现象，我们找不到合适的模型，因此也找不到其中的规律，从而限制了科学知识的进步。例如，在理解人类行为方面，我们所面临的认知复杂度是一条几乎无法逾越的鸿沟。

请注意，有时人们对一些复杂现象束手无策，并不是因为缺乏理论，而是因为我们无法将大量参数和事实结合起来，从而建立一个能忠实反映现象的模型。例如，让我们考虑一个机器人足球比赛系统。如果我能建立一个可靠的系统模型，能够考虑到每个机器人“运动员”（作为一个具有硬件和软件的机电系统）、环境中的所有对象，以及它们之间相互产生的影响，理论上，我就可以预测比赛的结果。但这里最难解决的，不是研究新的现象或发现新的规律，而是对所表征的现象的所有动态关系做忠实的描述，因为这里面涉及大量的参数和复杂关系。

第二步，对模型进行分析，这通常由专家在计算机的辅助下进行。

通过分析，将揭示模型中观测量之间的关系。这种关系可能表示为明确的数学关系形式（如因果关系），也可能表示为现象之间关系图的形式（通常由计算机生成）。因此，使用气象模型来预测天气，其准确性既取决于模型的可靠性，也取决于分析方法的准确性。

得益于计算机的使用，人们能够分析复杂的模型并尽可能地拓展知识的边界。在这里，我们有必要回顾一下计算复杂度对我们的限制（见第 2 章“算法：传统的计算机”小节）。如果模型不能给出精确的结果，我们可以去找近似解。模型的精确度越高，近似解就会越逼近精确解，对现象的预测也就越准确。

我曾在前面指出过，对于同一现象，可能有多个模型，它们用不同的方式或以不同的精细程度来描述现象。精度较高的模型，其结果往往会有更好的预测性，但其分析过程可能会大大增加计算的复杂度。

第三步，验证模型的真实性。

这意味着，如果模型所描述的关系成立（如对明天天气的预测），那么我们就可以通过观察现象，在一定的可容忍误差范围内对这种关系进行验证。当然，要想确认模型的真实性，需要对足够多的实验数据进行验证。此外，还需要证明所采纳的数据能够“充分”代表现象的所有可能状态。

这就带来了一些方法论的问题，因为在理论上，物理现象有无数种无法研究的状态。因此，从逻辑上来说，无论实验验证的样本数量有多大，错误可能一直存在。这就产生了“如何才能以最优方式遍历所有可能的状态”这样的问题，此外还有“研究现象的可控性”问题。要想遍历所有可能的状态，就要求回溯到预先设定的初始状态，但对于像地球物理、天体物理、经济和社会等许多领域的现象，这当然是不可能做到的。

可控和不可控现象之间的区别为科学真理的有效性划了一条分界线。在经典物理学中，现象在很大程度上是可控的，我们只需要从相同的初始条件出发，就可以重复同一个现象，它们具有可重复性，这种可重复性也证实了我们的模型所做的预测并不是随机的。但由于各种原因，有许多现象是我们无法重现的：有些现象（如社会现象），就其本质而言是不可重复的；有些现象，可以以一定的概率重复；而有些现象（如经济系统），则很难达到完全相同的初始条件。在科学领域，可控性降低意味着知识的有效性降低。需要说明的是，尽管存在这种局限性，但并不意味着该领域的研究没有意义。

综上所述，应用科学方法和产生科学知识涉及三个步骤，它们各自对应不同的复杂度（见图 2–5）。

1. 认知复杂度。这取决于我们使用现有数学模型和建模工具描述现象的能力。

2. 模型解析复杂度。它主要是计算性的，取决于模型的复杂程度和分析技术的有效性。后者又取决于计算机性能和是否有精度合适的模型算法。

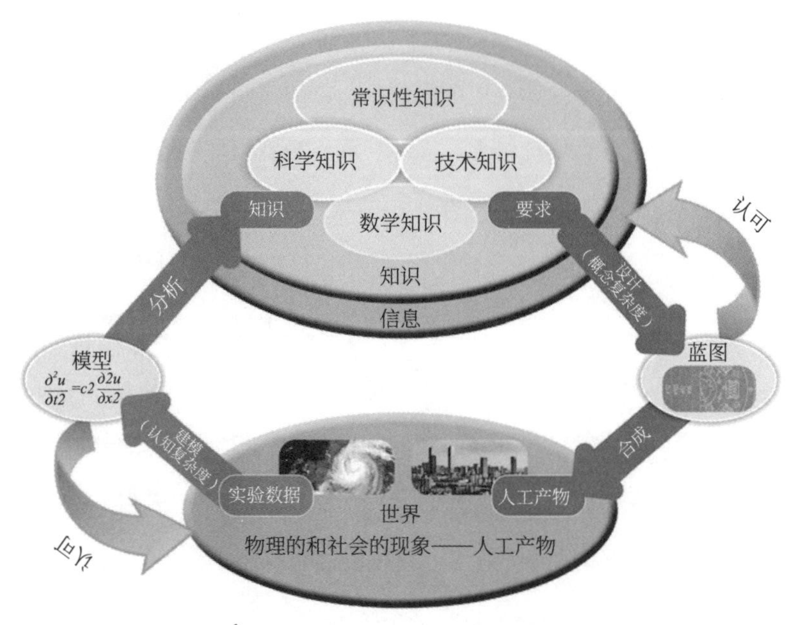

图 2-5　科学的发展和技术知识的应用

3. 验证复杂度。这取决于现象的可控程度和所研究现象的动态性。

本书所提出的科学知识发展的分类方法，显然要比那些将科学知识发展限制在现象可控、可重复范围内的方法，更具普适性。我认为这种限制没有任何意义：一方面，现象的可控程度并不是一成不变的；另一方面，这种限制本质上否定了如社会科学等知识领域的科学地位。

科学知识的本质

在解释了科学知识发展的过程之后，我想再强调它的一些特点。

我们关于物理、经济和社会现象的知识，是由表达时空中观测量之间关系的定律来描述的。这些“定律”的性质与立法系统的“法律”[1]的性质并不相同，违犯法律要承担法律责任，但大自然却可以不遵守我们认为的自然“定律”。

我们前面已经了解到，科学知识的发展取决于是否能够利用数学和逻辑来找到合适的模型和概念。因此，与其说某种现象的规律是由人“发现”的，不如说它是由人“发明”的。一些人倾向于相信，这些自然规律是独立于人类思想而存在的。这就是一个本体论问题了，我不打算再做进一步的讨论。

定律是在观察者的头脑中被创造出来的，它是对某些关系的概括。换句话说，通过对实验得到的大量观测数据进行分析，观察者验证了现象之间的某个数学关系是有效的，我们称这种关系为定律。这种逻辑上的跳跃存在很大的任意性，因为我们验证的只是有限的情况，对于现象的无限多种可能，我们根本无法完全验证。有时候，一组新的观测值就能推翻之前确立的那种关系，例如，在高速运动的情况下，牛顿万有引力定律便不再成立，这个时候便引入了相对论。

这种概括方法称为自然归纳法，它和数学归纳法不一样，后者是以公理为基础，来产生数学知识（见第3章“形式化语言：理

---

① 英文中，“定律”和“法律”都用“law”来表示。——译者注

论”小节）。

因此，科学知识只能在一定程度上确定“某时某地”会发生什么。但无论有多少次观测结果满足已有的关系，都不能保证下一次的观测结果不会推翻它，从而彻底否定它的有效性。

著名的数学家和哲学家伯特兰·罗素曾用“归纳主义者火鸡”的故事，来嘲笑物理学家们对科学真理性的信心。[5]这个故事是说，在美国的一个农场里，有一只火鸡决定对它所生活的世界建立一个科学认知。因此，在来到农场的第一天，它观察到早上 9 点有人来给它喂食。当然，它并不急于下结论。等到第二天，它发现喂食的人还是早上 9 点来。随后整整一周，它发现每一天都有人在早上 9 点来喂食，风雨无阻。考虑到它已经获得相当多的观察结果，于是它自信满满地得出一个结论：我在早上 9 点被喂食。这个结论显然是错误的，在圣诞节前夕，它没有被喂食，而是被割断了喉咙。

不幸的是，科学知识的这种相对性，并没有得到充分的强调或理解，即使是著名的科学家，也难免忽视了这一点。著名物理学家史蒂芬·霍金认为“大爆炸”是物理定律的必然结果[6]，我们又该如何看待这一断言呢？

技术知识

技术知识需要用到综合思维。人们利用技术知识来制造符合特定目标的人工产品，从而满足人类的需求。

但我们的技术知识面临许多复杂系统的挑战。例如，自动运输系统和自动驾驶系统，这两个系统是我们在未来几十年内最有可能实现的；另一个相对比较“遥远”的是“下一代航空运输系统”（空中交通管制完全的自动化）。[7]

技术知识的发展包括三个步骤，实现这些步骤也同样会引出不同类型的问题（见图 2-5）。

第一步是收集、理解和形式化需求，并据此完成设计工作。

需求最初是以自然语言的形式表现的。经过分析后，专家将这些需求组织成技术规范，这些规范构成了系统开发人员和利益相关者（客户）之间协议的一部分。这些文本（在开发较复杂系统的情况下可能长达数百页）必须根据两个标准进行检查：（1）逻辑一致性，即它不包含相互矛盾的陈述；（2）完整性，即这些规范充分涵盖了所有必要的操作需求。这种检查一般由专业工程师在计算机的辅助下进行。针对这个过程的自动化，目前仍然受到形式化和分析自然语言固有困难的阻碍。

对于物理学的一些应用领域来说，需求的形式化可能相对容易一些，例如，与电路相关的需求，只要其技术特征可以使用现有理论来表述就行。但是对于其他一些应用，例如飞行控制系统，这个问题就困难得多，因为要精确表述它们的属性，需要使用复杂的数学语言，且使用难度很大。

另一个困难是理解用户需求，这些需求本身没有一个可以客观衡量的标准。例如，在房屋建造的技术规范中，可能会有一些难以形式化的功能和审美要求。

标准化需求的困难在于我们通常所说的概念复杂性，即难以用一个给定的语言进行形式化和结构化的描述。显然，桥梁技术需求的形式化要远比自动驾驶需求的形式化简单得多。在第一种情况下，我们可以充分依赖机械工程的概念；而在第二种情况下，除了技术问题之外，我们还必须考虑其他难以形式化的问题，例如交通规则甚至法律方面（如司机责任认定）的问题。

一旦需求被形式化，专家们就会按照不同应用部门的方法来设计产品。这些方法决定了设计工作的组织形式，而设计工作是由工程团队在计算机和设计工具的辅助下进行的。

整个过程的目标，是以模型的形式设计一个满足最初需求的产品。这类模型包括土木工程师的蓝图、电力系统的线路图或计算系统的软件。由于这个过程无法自动化，所以始终存在结果不符合预期的风险，关于这一点我们将在后面讨论。

第二步，使用设计模型，整合出一个设定制造过程的构建模型。

在整合过程中，需要将设计模型的元素与功能等效的材料组件相匹配，同时需要考虑材料的物理特性（如强度和弹性）。我们可以为同一个设计，选择不同质量的材料，当然前提是符合我们最初的技术要求。这就是为什么整合的过程，会涉及设计空间的优化以降低构造成本。基于构建模型，我们可以确定产品的技术经济特征，例如构造成本、安全性和性能等。

在有的技术领域，构建模型的整合可以在很大程度上实现自动化。由于有了计算机，我们可以建造飞机、火车、工厂、巨大的桥梁和建筑物等复杂的东西。当然，目前最复杂的人造物无疑是计算化的系统，如果没有计算机的辅助，这些系统的设计和建造都不可能完成。

第三步，验证构建模型是否满足最初的需求。

其方法类似于验证科学真实性的方法，不同之处在于，通常不是对成品进行验证，而是通过模拟构建模型的执行状况来验证。同样，人们依然面临需要覆盖并调查大量状态的问题。幸运的是，使用模拟技术可以实现更好的可控性。验证技术有很多种，其中最常用的是测试，即对产品行为的实验分析，这包括场景的应用，以及对产品行为与初始需求中所设想的行为进行比较。

我们已经描述了为制造产品而发展技术知识的一般原则。在这种情况下，我们同样会面临三种类型的困难和相应的复杂度（见图2-5）。

1. 概念复杂性。它说明了对要构建的产品，建立其技术规范的内在困难。

2. 整合构建模型的复杂性。这主要是指计算出最优构建方案的复杂性。

3. 验证的复杂性。这主要是检查和覆盖足够数量的状态，并确认需求已被满足的复杂性。

我们将在接下来的章节中证明，不同的技术领域存在不同的困难。对于某些领域，根本不需要验证，而对于某些领域，例如计算机系统，验证成本占开发成本的很大一部分，例如大型计算机系统的验证成本可能占到 50% 以上。

我还想指出，复杂信息系统的开发会面临部分或完全失败的风险。如果我们以代码行数来衡量复杂度，那么一个超过 100 万行代码的系统（如操作系统）开发失败的概率约为 30%，而部分失败的概率则超过 50%。有兴趣的读者可以在网上找到大量的相关资料。[8]

关于方法学的一点说明

在结束本章时，我想指出，我对知识的定义，比哲学书籍和词典中对知识的定义更为宽泛。在哲学书籍和词典中，知识通常就是指科学知识。值得注意的是，在英语中涉及知识研究的哲学领域被称为“知识论”，这个术语与理解世界的知识有关，特别是科学知识。

《牛津词典》给“科学”的定义为：通过观察和实验，对物质和自然世界的结构与行为进行系统研究的智力及实践活动。[9] 其他词典也给出了类似的定义。它们的共同特点是，科学注重于发现支配世界的事实和规律。因此，在这种定义下，物理学和生物学被看作科学，但数学和信息学却不是纯粹的科学。这是因为，正如我前面解释过的，尽管大部分数学知识是为了研究物理现象而发展起来的，但数学的真实性却完全独立于这些物理现象。信息学也是同样的情形。此外，这个定义并没有把任何与科学知识应用相关的内容包括在内，例如工程学或医学，也不会被认为是纯粹的科学。

请注意，如果接受了对“知识”狭隘的定义，将其与“科学”画等号，有时候会导致一些毫无结果的争论。此外，当前对科学的定义也存在一个问题，即过于强调实验方法的重要性，这使得有些人认为经济学或心理学并不属于科学，有些人甚至认为科学与非科学之间存在泾渭分明的界限。

为了避免无谓的争论，我认为知识有一定的有效性，这取决于它是否能被实验证实，以及它与现实的符合程度。天文现象的可重复性是有限的，例如在地球上观测，行星的轨迹并不固定。但正是这种有限的可重复性促使人们去进一步拓展知识的边界（提出了日心说），从而提高知识的有效性。

我认为，我们应该摆脱那些狭隘定义的束缚，而去关注所有形式的知识概念，只要它与计算有关，只要它是对解决问题有用的信息。这样的“知识”包括科学知识、技术知识、数学和一般经验知识。值得强调的是，通过人工智能，这些知识将变得尤为重要。

至于那些片面强调科学知识，认为科学知识相较于技术知识具有“优越性”的人，我要提醒他们，科学与技术的发展几个世纪以来一直是同步和互补的。古希腊人把“episteme”（科学）和“techne”（艺术）做了明确的区分，后者的含义比今天更为广泛。最初，艺术是指为了完成某项工作或从事某种专业而具备的知识和技能。如阿基米德和亚历山大的赫伦，他们都是伟大的数学家和物理学家，同时也是著名的工程师。此外，文艺复兴时期的数学和物理学的进步，主要是由伽利略和达·芬奇这样的工程师推动的。

今天，科学知识和技术知识比以往任何时候结合得都更加紧密，它们交织在一起，相互影响和促进，形成了一个良性循环。科学家建立复杂的实验来研究自然现象，而工程师也需要越来越复杂的理论来构建系统。

总之，我想强调的是，知识不应该被分割开。不同的知识具有不同程度的有效性，以及不同的发展方式。尤其是在计算机出现后，医学、生物学、物理学和化学的进步令人惊叹。即使是数学和逻辑学这种典型的抽象知识，也可以用计算机做定理证明和结果验证。

建模和仿真技术的出现使得人们可以研究复杂的物理现象，例如熔岩流体或复杂信息系统的特性。模型可能与观察和实验没有直接关系，可能完全是针对特定情况的，也可能是结合了理论和经验结果的。真正重要的是，模拟的结果是否与所观察到的现象一致，以及这些模型是否能被解释，能否做出预测。

与自然科学中的主流观点相反，知识的发展并不总是从观察现象和实验开始的。数学知识的发展就是这样，有时甚至科学知识的发展也是如此。相对论确实是从观察开始的，但在它发展起来之前，已经有了一个思想实验的理论框架，这些思想实验后来通过观察得到了验证。计算理论建立在先验的数学知识基础之上。面对疾病，医生使用复杂的技术进行检查，形成可以解释症状的假设，接下来就是试错的过程，然后得出最合理的诊断。不遵循物理科学知识发展的“经典”方式，在逻辑上并不意味是无效的。

正如引言中所说的，相比用“认识论”（epistemology）这个词，我更倾向于用“认知论”（gnoseology）。之所以用认知论，是因为它突破了知识仅限于理解现象的误解。当然，在提到对科学知识的研究时，我确实使用了“认识论”这个词。

最后，我想再次强调，在当今这个时代，拥有知识比拥有物质产品更重要，也更具有战略意义。人们可以利用知识来控制物质世界并应对全球挑战，当然，前提是人们能够掌握管理知识的元知识。

第3章

知识的发展与应用

知识的发展：原则与局限

尽管知识的发展遵循我在前面所介绍的一般原则，但根据知识的主题对学科做一个区分还是有必要的。所谓知识的主题，一般是由基本概念和它们之间的关系，以及在它们的基础上发展起来的知识体系定义的。

数学和逻辑学是最基本的学科，因为它们对如何表示这个世界及其现象提供了模型和理论工具。而其他学科，只要其专业知识能够被形式化，或表示为数学关系，那么数学和逻辑学就能够在这些学科当中大放异彩。

在此之后，我认为物理学、信息学和生物学是尤为关键的学科，这三者的研究主题相互独立且没有重叠。物理学注重对时空中物质 / 能量现象的研究。信息学关注的是信息的转换——我们可以计算什么以及如何计算。信息学虽然建立在数学模型基础之上，但并不属于数学；除了模型之外，信息学还包括计算机制造的技术方面，这也是它的一个重要组成部分。生物学关注的则是由物理化学过程和计算过程相互交织在一起所产生的生物现象。

其他学科可以认为是复合的，因为除了其自身的专业知识外，它们还会用到上面几门关键学科的知识。例如，经济学是一个复合学科，它研究的是在人类管理之下的自然资源和货币资源之间的关系。经济学的主要问题是，如何根据具体目标，更好地利用资源，来满足个人和社会需求。对经济系统的研究，不但需要特定的经济学知识，还要结合来自心理学、社会学、自动控制和系统理论等多个学科领域的知识。

但无论其研究主题是什么，以上所有知识领域都有一个共通的研究方法，其特点遵循以下三个原则。

1. 建模。把所要描述的现象或系统，用自然语言或人工语言表示成一个模型。

2. 分层。对于要建模的现实，为了突出其关键属性，在研究的过程中，需要对现实进行适当的层次划分。

3. 模块化。尽管划分了层次，但对现实建模可能依然有很高的复杂度。这时我们可以将每一层次的模型视作由许多模块组成，即将其模块化，从而降低复杂度。

建模：语言的角色

建模，就是表征所要研究的现象或系统的过程。这主要是利用自然语言或人工语言（数学或逻辑系统）完成的。通常来说，自然语言的表达自由度更大一些，其概念和结构更为灵活、丰富。相反，人工语言一般是由数量有限且具有明确定义的基本概念和结构构成的。相较于自然语言，人工语言的优势在于具有较强的数学分析能力。一般来说，表达能力和分析能力是成反比的——一种语言的表达能力越强，其分析能力就越弱。

自然语言

路德维希·维特根斯坦认为，“我的语言边界就是我的世界边界”，意思是说，我们的语言限制了我们对世界的理解。[1]

语言是人类根据经验形成的，这也是我们为物质世界和精神世界构建的第一个模型。至于语言是如何进化出来以及如何成为认知载体的，是另一回事，对此，我们只能猜测，就不再叙述了。但我们可以知道的是，基于语言，人类在很久之前就掌握了数字以及数字之间的基本运算，这可以由苏美尔文明的天文表证明。此外，同样基于语言，人类很早就尝试用神话来解释自然现象，并制定一些伦理规则。人类还创造了一套“技术”和“诀窍”，使我们能够凭经验和系统的方式解决许多问题。例如制造轮子、生火、计算数量、测量面积、耕种土地、种植植物等。

人们第一次用所谓的理论来理性地解释现实的尝试发生在古希

腊。这个时期的哲学家试图将现实简化为几个构成要素，然后解释世界上的现象，于是有了数学的出现、毕达哥拉斯学派对数字属性的研究、德谟克利特的原子论、芝诺关于连续与离散之间关系的悖论、柏拉图的思想，以及亚里士多德巧妙的分类法。随后，诡辩家们在逻辑学上也取得了重大的进步；几何的公理化，以及天文学的发展，后来导致日心说的提出，以及地球是球形的证明。

文艺复兴时期，知识的发展及形式化迎来了第二次高潮。数学的进步与力学、光学和化学的发展密切相关。令人惊叹的是，物理世界是起伏不平的，几乎不存在直角，也很少有完美的圆形，但人类的大脑却通过强大的抽象能力发明出几何、算术，甚至微积分等抽象概念。这些概念在某种程度上让我们能够掌握物理现象的本质，并进行预测。

人类智力理解世界的漫长历史，其最重要的特征就是抽象。这个过程首先是给万物命名，例如把符合某个特征的东西命名为“石头”，尽管这些东西在形状、颜色、质地等方面千差万别，但大脑却能够抽象出它们共同的特征。这是人对世界进行心理解释的重要一步。

其次是分类。对具有相同属性的东西，我们将其抽象出一个共同的概念，我们称这个过程为泛化。泛化创造了等价关系，具有相同属性的东西是等价的，因此也可以划归为一类。形容词或形容词修饰语的出现在这里起着重要作用。在古希腊语中，具有坚硬外壳的水果被称为“karya”，而表皮柔软的水果则被称为“mela”。对“karya”这类水果加上各种修饰词，就成了更细分支类的水果，例如“pontic”（榛子）或“persian”（桃子）；同样“mela”也是如此，例如“cydonian”（木瓜）或“damascene”（李子）。

动词和副词的出现，标志着人类开始理解变化和时间。发明这类词，需要人类意识到被连接词之间的关系——因果关系或时间关系。最初，有很多不规则的动词类型，这在荷马的诗歌中比比皆是。在后来的演变过程中，语言的发展开始遵循简单、经济的规律，时态和变位的结构逐渐系统化。

其他动物也能够用简单的语言表示对象、动作和状况。但只有人类的语言产生了抽象概念，这种巨大的飞跃，使得人类脱颖而出。关于这些，已经有很多文献做了分析，特别是那些对希腊或希伯来等旧语言概念的词源分析。古希腊的思想确实对人类做出了很大贡献，绝大多数哲学、科学、技术和数学相关的概念都起源于此。

科学概念和理论的出现更是基于抽象的力量，例如时间、空间、物质、能量等，都是人们在了解自然的过程中不断抽象出来的基本概念。在持续抽象的“游戏”之后，我们便可以考察可测量的概念之间的关系，总结规律，从而来理解世界。

除了自然科学，社会科学领域也有许许多多的抽象概念，例如经济学当中的货币、资本、劳动力等，正是通过对这些概念之间关系的分析，我们才得以了解社会的经济状况。

当然还有一些抽象概念，直到20世纪，我们才意识到它们的重要性，这就是信息和知识相关的概念。正是基于这些概念建立起来的计算理论，使得人们可以使用数学手段对语言进行研究。

因此，如果换种视角，我们或许可以将科学知识的发展看作设计一种新语言的尝试，这种语言以数学为骨，以大量的经验为血肉，让我们对世界有了更深刻的认知。

形式化语言：理论

自然语言表达的关系通常是模糊不清的，同一种描述可能有很多种解释。但数学和逻辑的语言却不同，利用它们，我们将其他领域的知识形式化，事物之间的关系便可以被数学或逻辑的语言严格且明确地定义。

每个数学理论都建立在一套公理和规则之上。

公理是一个理论的核心，通常源于经验知识。例如对于每个数字n，数字n + 1都不同于n；或者一个命题可以为真，也可以为假，但不能既为真又为假。公元前4世纪，由欧几里得提出的欧氏几何是第一个公理化理论，只用五个公理和三个基本概念就完成了整个平面几何的形式化表述。这也展现了形式化的力量，为逻辑思维和抽象数学思维铺平了道路。

而规则，则让我们能从公理出发，推导出一些定理。命题推理中一个很重要的规则就是演绎法：如果a为真，且a蕴含b，则b为真。对于这个规则，有一个著名的例子，即所有人都会死，而苏格拉底是人，因此苏格拉底也会死。

在数学中，也有一个非常重要的规则，即数学归纳法。我们假设有一个无穷多元素的集合，这些元素之间具有顺序结构（有一个顺序关系），如果某个规律对一些元素成立，那么如何证明它对集合中所有元素都成立呢？这时候数学归纳法便是一个很好的选择。它的推理规则如下：首先，一个规律对最小的元素成立；其次，如果假设这种规律对第 n 个元素成立，可以推出对第 n + 1 个元素也成立，那么这种规律就对集合中所有的元素都成立。注意，归纳法应用的前提是，它需要定义一个适当的层次关系，这种层次关系通常取决于我们想要证明的关系类型。例如，如果想证明一个程序能够终止，我就需要找到一个函数，能够将一个正数与程序状态相关联，在运行程序时，这个数会持续地减小，直到某个值，程序终止。不过哥德尔定理的一个结论（见第 2 章“知识的类型及其有效性”小节）表明，不存在能判定程序是否会终止的算法，这就意味着，通过归纳法得出结果的过程不能实现自动化。

虽然基于公理和规则，我们能够推导证明许多命题，但很遗憾的是，并非所有命题都能够被证明或证伪。为了解释这个结论，我们需要先了解三个概念。（1）一致性，也称无矛盾性，即在一个理论中不能推导出完全相反的结果。如果一个命题为真，其逆命题也为真，那就说明这个理论出现了矛盾，不满足一致性。（2）完备性，即每个真命题都必须可以使用公理和推理规则加以证明。（3）

可判定性，即存在一种算法来判定系统中任何命题的真假。20 世纪初，德国数学家大卫·希尔伯特提出了一项旨在证明数学的一致性、完备性和可判定性的研究计划，他期望能够让整个数学体系矗立在一个坚实的地基上，一劳永逸地解决所有关于对数学可靠性的疑问。但很快哥德尔便打破了希尔伯特的期望，他指出，一个理论的一致性无论有多充分，在其中必然存在着不可判定的命题（见第 2 章“知识的类型及其有效性”小节）。哥德尔还表明，任何包含算术（由加法和乘法运算得出的整数）的数学系统都不可能同时拥有完备性和一致性。也就是说，要么这个数学系统是自相矛盾的，要么存在一些命题，它们为真，但我们却无法证明。

理论违背一致性，其中一种情况是源于“自指”的规则，即命题指向自身。一个著名的例子便是“说谎者悖论”，这个悖论源于公元前 4 世纪的哲学家埃庇米尼得斯：“一个人自称在说谎。那么这个人说的到底是真话还是假话？”如果在这种情况下应用逻辑规则，我们就会进入所谓的“恶性循环”，因为命题蕴含了对它自身的否定，而否定同时也蕴含着命题。这个悖论在 2000 多年的时间里一直没有得到合理的解释，直到 20 世纪初伯特兰·罗素在集合论中重新提出这个悖论。他证明了，集合论的标准模型不能自证其一致性。

科学理论，是对科学知识（我们在第 2 章“科学知识”一节描述了获得科学知识的过程）的浓缩和更为系统、严谨的形式化表述。

这些理论模型一般源于数学理论，但添加了一些特定的公理，这些公理能够反映支配我们所研究现象的基本规律。例如，在牛顿理论中，其数学理论是微积分，其中的变量代表了物理对象及其在时空中的状态，如质量、形状、坐标、速度和加速度等。能量守恒定律和万有引力定律作为公理被添加到理论中。显然，一个科学理论的数学理论基础必须是一致的，它不能包含逻辑矛盾；除此之外，它必须是有效的，即由此推导出的结论都不应被观察证伪。

我们理解现象的能力取决于我们可用的模型库。我们经常设计出一些新的概念或模型，有时候这些概念或模型可能违背“常识”，却能帮人们简化现象的研究过程。例如在数学中引入的“无穷”概念，或在物理学中使用的“狄拉克 δ 函数”。

分层：抽象的层次结构

对于物理世界，人类研究的现象尺度范围特别广泛，小至 10^{-35} m 的普朗克尺度，大至 10^{26} m 的可观测宇宙的尺度。为了理解这些从非常小到非常大的数值，同时也为了克服 10^{61} 的尺度跨越所带来的复杂性，我们常常将这个世界划分为不同的抽象层次。请注意，这只是一种方法上的简化，并不意味着现实世界是分层的。相反，我个人相信现实是一个整体，但这是一个本体论的问题，在这里讨论没有意义。

我先解释一下什么是抽象。抽象，不是模糊或不确定性，而是一种降低复杂性的综合性方法，通过这种方法可以把人们在一种尺度上观察到的现象的基本特征凸显出来。因此，当我用肉眼观察世界，不管是研究物理现象，还是研究建筑文物，我都会忘记物质是由粒子组成的。我也可以把一个坚硬的物体看作一个点，而其全部质量都集中在这个点上。事实证明，若想降低问题的复杂性，抽象是必不可少的一步。

事实上，在每一个知识领域，我们都在使用模型层次结构，其中的每一层都会通过适当的抽象与上一层建立关系，层次越高，观察尺度越大。

图 3-1 显示了物理学、信息学和生物学一个大概的层次结构。读者可能更熟悉物理学，它所研究的对象小到粒子大到宇宙，涵盖了原子、分子、固体-液体-气体、电磁-力学系统、太阳系、银河系，直至整个宇宙。

对计算系统也可以进行类似的分层，其物理载体就是执行计算机的逻辑门和存储器功能的集成电路。它的最上层则是构成网络世界的网络系统。

对知识进行分层时，一个明显的需求是知识的统一，换句话说，定义不同层之间模型的关系，从而把它们的结果关联起来，进而对所研究的领域有完整的理解，并形成完整的知识。这就引出了某些物理学家所谓的“万有理论”。然而不幸的是，在上述三个知识领域都还没有出现这种知识的统一。以物理学为例，如何将广义相对

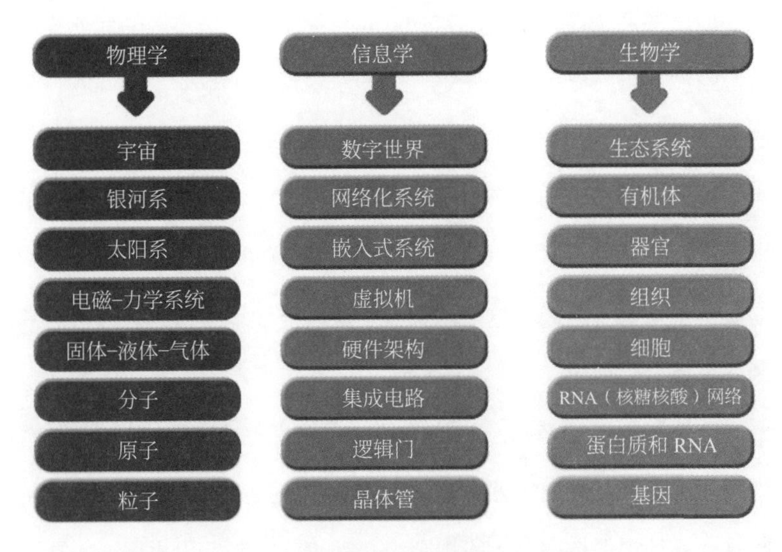

图 3-1　三个重要知识领域的层次结构

论与量子力学完美地融合，依然是一个悬而未决的问题。

下面我们将分析在整合具有层次结构的知识时所面临的难以克服的困难。

模块化：原子假说

在抽象层次结构的每一层，为了降低观察到的现实的复杂性，人们做了一个非常有用的假设——世界是由一些组件按照某些规律（这些规律正是我们努力探索的）构成的。

德谟克利特是第一个提出这种想法的人。他认为自然是由原子组成的（所谓的“原子假说”）。这是一个非常有趣的观点，换句话说，他试图通过逻辑推理的方式证明，物质世界是离散的而非连续的。当然，自然是离散的还是连续的？这是一个本体论的问题，无法通过理性解决，当然也并不重要。重要的是，“原子假说”使人类能够化解掉现实的复杂性，并发展出科学知识，即理性地去理解现象。物理学和化学的发展就是这种“模块化假说”的最好证明。物质由基本粒子组成，这些基本粒子通过连续地组合，最终形成复杂的宇宙。

砖块和混凝土按照一定的规则组织起来，便能建造一栋建筑；电阻器、电容器和电感器按照一定的规则连接起来，就可以制造出电路；各种零件按照一定的规则组装起来就能制造出机器……在所有这些例子中，如果我们已知组件的行为，那么便可以通过理论来预测整体的行为。我们还应该注意到，自然语言也是按照这种构建原则演化的：短语的含义，由构成词语的含义综合而定。

组件组合的方式既可以通过数学关系来确定，也可以通过系统结构来确定。例如夸克组成粒子的方式是由数学公式来描述的，而电子器件组成电路的方式则由整个电路系统的结构确定。

作为一种方法论，“模块化假设”将复杂的系统看作由少量几个类型的组件组成，它遵循以下三个基本规则。

1. 整体是由类型数量有限的组件组成的。例如，原子由电子、质子和中子组成，化合物由几种不同的原子组成，细胞由几类细胞器组成，短语由单词组成。

2. 我们可以单独研究每种组件的特性。例如分别检测粒子的属性、原子的行为或单词的含义。

3. 我们对整体的认识，可以由组件的属性以及这些组件在整体结构中的位置来推断。

基于上述规则，如果我们可以分别掌握每种类型组件的行为，并知道这些组件是如何构造出整体的，那么我们就可以知道整体的行为。例如，对于一个电路，首先我们可以知道每个器件的电压-电流关系式，通过这些器件的连接方式，我们便可以确定表征电路行为的方程组，即确定电路的行为。

需要注意的是，在上面这个例子中，我们隐含了一个假设，即构成系统的组件是局部相互作用的关系，每个组件都只与其“相邻的”组件相互作用。这种局部相互作用的假设在量子物理学或生物学中似乎并不成立，这使得理解与之相关的现象以及建模，变得相当困难。

此外，要想适用第三条规则还需要满足一个条件，即当我们把组件组合起来时，每个组件的行为不会发生变化，或者至少以可预测的方式发生变化。遗憾的是，这个假设并不适用于信息系统和生物系统，也不适用于自然语言。我们知道，短语中单词的含义取决于上下文，这也是自然语言翻译极为困难的原因。此外，我们也无法把部分程序的属性综合起来，来理解整个软件的属性。这说明，模块化方法对物理学有用，但在信息学和生物学等知识领域却并没有那么灵验。对于像经济学和社会科学就更不适用了。因为如果不考虑个体在系统结构中的位置，就很难孤立地研究他们的行为。人类的行为在很大程度上取决于产生该行为的环境，而要描述这些特征几乎是无法做到的。

另外需要补充的是，当一个系统由大量组件组成，但每个组件的属性保持不变时，无论系统组件的数量发生什么变化，我们都可以用统计的方法对系统的行为进行研究。气体动力学理论就属于这种情况，该领域的研究是把气体看作服从牛顿力学或量子力学的粒子的集合。

然而，正如经济学家哈耶克所指出的那样，统计学方法只能适用于涉及大量等价组件的“杂乱无章的复杂性”现象。[2]它不能应用于生物、信息或经济系统中所观察到的“有组织的复杂性”现象。这是因为，正如我在前文解释过的，每个组件的行为会根据其在系统结构中的位置而产生动态变化。对行为的研究和对有组织的复杂系统的控制是目前最大的科学挑战之一。

涌现属性

分层的方法让我们能够一块一块地理解这个世界。每一个层次都有其特定的抽象级别，有其特有的概念和规律。随着抽象层次级别的上升，有一些概念可能不再适用，而另一些概念则显得越来越重要。在不同层次之间交叉的地方，容易产生对所研究现象的理解的差别。

因此，对于每个知识领域来说，一个非常重要的问题就是如何才能整合不同抽象层次之间的知识。我们可以从低层次的组件属性来解释高层次的组件属性吗？例如：

1. 我们能从氧原子和氢原子的性质得出水分子的性质及水分子的组成规律吗？

2. 我们能从硬件的属性、正在执行的程序的属性，以及初始内存的状态得知整个信息系统的属性吗？

3. 我们能从大脑神经系统的属性得知人们的心理过程的属性吗？

这些问题的本质是相同的，而令人满意的答案却可能并不存在。为了避免过于技术性的解释，我只想简单地说这是尺度的问题。当我们从一个层次上升到更高的一个层次时，由于大量组件的相互作用，新的属性“涌现”了出来，这些组件形成的整体产生了更为复杂的行为。当然，仅仅说新属性的“涌现”并不能解释任何事情，只能表明我们没有能力建立统一某个知识领域的理论。

例如，我们知道水由水分子组成，每个水分子都是由氧原子和氢原子合成的。我们可以从理论上确定水分子的行为，但水的性质并不完全取决于这些，有很多都是源于水分子之间的相互作用。一杯 250 毫升的水含有 8.36×10^{24} 个水分子，这些水分子聚集在一起，相互作用，涌现出的属性是它在 100 摄氏度时会变成蒸气，而在 0

摄氏度时会结冰，体积也会随温度的变化而变化。即使理论上可以精确地描述分子属性及分子之间的相互作用，但对涌现出来的新属性进行建模也是一件非常复杂的事情，实际上是不可能做到的。

另外两个例子也是类似的情况。当我们将计算机看作由微分方程系统描述的电路时，实际上不可能上升到抽象层次，并在电路状态和软件执行之间实现匹配。

将神经元的属性与我们心理的属性进行匹配似乎就更加困难了。不幸的是，有些科学家对战胜这些困难的可能性“过于乐观”。例如，从欧盟获得超过 10 亿欧元资助的人脑计划[3]，就信誓旦旦地表示，通过研究并模拟大脑的详细模型，人们可以了解与意识有关的现象。我只能说，把钱撒在不可行却“吸引人”的地方是这些大型研究项目的共同特征。

美国物理学家菲利普 · 安德森在《多则变》(More Is Different)一文中提到，人们没有能力解释属性是如何涌现的。[4] 我在下面引用其中的一段话，它非常清楚地解释了，我们虽然有能力将整体还原为简单的定律，但是这并不意味着我们从那些简单的定律出发，就能得出整体的所有性质。

> 这种思想的主要错误在于，还原论假设的成立绝不意味着建构论假设也成立：能够将一切还原为简单的基本定律，并不意味着从这些定律开始就能够重构出整个宇宙。事实上，粒子

物理学家告诉我们的基本定律的性质越多，它们与其他学科的现实问题的相关性就越小，更不用说与一些社会相关的问题了。

与知识应用有关的问题

科学性的局限

正如我在前文说过的，许多人认为科学知识和非科学知识之间存在明确而且绝对的区别。尽管我们不能忽视两者在知识的有效性上存在差异，但要在科学与非科学之间做出绝对区分显然是非常武断和危险的。

我解释过，知识的有效性是有层次差别的。例如实验验证和可重复性，自然科学（如天文学）并不是能够完全做得到。我们还应当警惕把经过实验证实的关系（定律）和我们通常为了概括和统一（理论）而给出的解释混为一谈，就像过去人们曾认为空间中充满了“以太”或认为存在“燃素”（一种存在于可燃物中并在燃烧过程中能够被释放出来的类似火的元素）一样。一些著名的科学家在讨论宏大理论时，往往会表现得非常自信，他们毫不掩饰地想给公众留下深刻印象，扩大宣传，增加知名度，并靠这些来获得对其研究的财政支持，但这也往往会加深公众对科学的认知混乱。

一个理论被提出来，就应当允许反驳。我们必须坚守这样的原则。有一些理论，人们认为是绝对的真理，但当用逻辑的标准和方法进行检验时，就会发现并非如此。那些试图根据当下的观察来解释过去发生事情的理论就属于这一类，例如宇宙学理论和物种进化理论。

在形成这些理论的过程中，我们会遇到一个特殊的逻辑问题。首先，为了发现物理规律，我们研究的是此时此地形成的因果关系；但对于最初的原因，我们必须依靠推测，我们必须用一种称为“溯因推理”的逻辑运算。这种方法与从假设（原因）到结论（结果）的推理不同，前者旨在找到“最可能的原因”。它与演绎方法的区别在于，从逻辑上来说，产生相同结论的原因有很多。有些人把这个逻辑问题比作侦破案件：警察到达犯罪现场，在没有证人的情况下，他只能从现场观察到的情况去推测谋杀的场景。

宇宙学理论基于如下几个假设：宇宙是各向同性的，我们观察到的物理定律在各处是普遍成立的；没有什么传播方式比光速更快。对于第二条，我们显然无法完全验证，我们把在自己所处的方寸之间得出的结论，直接推广到整个宇宙，不免有些武断。事实上，尽管当下的宇宙学解释了许多现象，但依然存在明显的缺陷，例如按照现有的理论，我们发现的所有物质和能量只占整个宇宙的 5%，而那些我们还没有探测到任何信号的暗物质和暗能量则分别占到 27% 和 68%。这样一个理论，能让人满意吗？宇宙大爆炸作为一个假设，也同样留下了没有答案的逻辑问题，我们只能无限逼近地去解释宇宙的初始时刻。我不知道类似的这些问题，是否以及何时才有可能得到令人满意的答案。也许，我们应该保持更加谨慎和谦虚。

哪怕现在所有人都一致认为是真理的达尔文的进化论，也存在一定的逻辑漏洞。首先，我要声明，我不是质疑进化的观点，观察结果已经清楚地证明了这一点。但对于进化论来说，需要做出科学解释的是，单细胞生物是如何进化成具有眼睛、耳朵和其他器官的多细胞生物的。如果按照进化论的基本思想，即通过一系列随机突变和适者生存的选择（自然选择），那么具有结构化的多细胞生物（如人类），到底是怎么出现的？达尔文的自然选择思想能够解释适应性可以通过学习而实现，从技术上来讲，这是一个改变参数来优化标准的过程，在生物进化的例子中，这个标准指的就是生物体的生存能力。然而，在技术上仍无法解释的是，通过这种随机突变的“博弈”以及随后对外部环境的适应，到底是怎么创造出复杂的生物体的。

思考这个问题的另一种方法是，使用类比：将人工系统的构建与生物系统的发展进行比较。那些设计系统或编写软件的人都明白，优化已经存在的系统是一个问题；而通过组合组件，添加新功能，并让各个组件协调合作，从而构建出一个系统，那就完全是另外一个问题了。每个人都明白，无论收音机与环境发生了什么样的相互作用，它都不可能通过自然选择等机制而变成电视机。

通过这个类比，我们可以合理地得出结论，生物系统与人工系统截然不同。只要我们还将自己局限于有机体与环境的“博弈”而不考虑有机体的特性，就不可能找到令人满意的解释。达尔文的理论忽略了这样一个特性，即有机物质不仅能够学习，而且还可以自我组织，这在很大程度上解释了适应性产生的原因。在我看来，正是这些我们必须研究的属性使得进化变得不那么随机。

也许仅仅研究基因还不足以理解系统构建的机制和新功能的涌现。我们应该尝试去描述构建这些生物系统的“语法”，即在生物层级的各个水平上，那些组件的组合原则。与其他知识领域的情况一样，想要找到一个能够从整体上“自下而上”做出合理解释的理论，可能最终会被证明是徒劳且令人失望的。

科学主义

物理学中有一个隐含的假设，即影响现象的因素都可以被观测。这个假设对于其他知识领域来说显然并不适用。例如，社会现象就不能仅仅通过考察可测量之间的关系来理解。但在经济模型中，人的因素却经常被忽略掉，因为人的行为很难被严格地建模。

但物理科学及其技术的成功，在 19 世纪和 20 世纪引发了一场哲学运动，人们认为只有那些像物理学一样能被数学公式化的知识，才值得信赖和承认。这开始导致许多知识领域不加限制地使用数学模型，产生了许多平庸甚至完全是灾难性的知识体系。

随着人们思想的发展，20 世纪中叶“科学主义”的思潮逐渐盛行。这种思潮的一个特点就是，不加批判地使用精确科学中的模型和方法。其中一个典型的例子就是，经济学家倾尽全力去模仿物理学家，但却从未制定出一个成功的策略。在他们的研究里，总需求和总就业之间的相关性是我们唯一拥有定量数据的关系，也是唯一被经济学家们采纳的因果关系。[2]于是，一个基于可测量数据的理论，就会比缺乏测量数据的理论，更具说服力，即使后者给出的解释更接近事实，也无济于事。

我们经常把寻求知识比作一个醉汉的行为。就像一个老笑话讲的那样，醉汉丢了车钥匙，在路灯下低着头寻找它。[5]一名警察看到了，就过来帮他一起找。过了一会儿，警察问酒鬼他是否确定钥匙丢在这里了，酒鬼回答说："不，钥匙丢在了公园里。"警察大吃一惊，问他为什么要在路灯下寻找钥匙，醉汉回答说："因为这里有光。"

在追寻知识的过程中，这种情况发生的概率远比人们想象的高。研究人员更喜欢发表一些与现实相去甚远的漂亮的理论，而不是倾尽全力解决较为复杂的实际问题。很少有人会费心反思自己假设的有效性以及结果的适用性。这也是我在信息学领域里观察到的一种现象，漂亮的理论提出的模型，往往会把现实过度简化。

获得诺贝尔经济学奖的科学家在商业上表现平平，这很正常。计量经济学家常常会忽略人的因素，而将问题简化为方程式。但是人的因素往往是经济博弈中的主要参数——他们本末倒置了。完全相同的经济政策在两个不同的国家（如德国和希腊）会产生截然不同的结果。

草率地采用表面上看起来科学的方法是件危险的事。公众不明白，一些打着科学旗号进行宣传的观点，很多都是空洞的，甚至带有误导。这样的例子在每个知识领域都数不胜数。我记得在1972年，当时我还是一个信息学系的学生，罗马俱乐部投入了巨量的资金，来开发模拟经济系统的软件，并打着“系统科学”这样一个含糊不清的名号发表了一篇著名的文章，题为《增长的极限》。[6]它预测了人类未来的悲惨：能源和原材料即将出现短缺，这将对工业和环境带来灾难性影响。后来这篇文章被整理成一本书出版，销量达到3000万册，被翻译成30多种语言，并且至今仍然是最畅销的环境类图书。该书的论点被媒体广泛宣传，严重影响了世界各地的经济政策；而与此相反，很少有权威的科学家或分析家对此给出正确的、严厉的批评。当然，我们现在再去回顾过去发生的这些事情会发现，当时这样的研究及结论都有其经济和政治目的，而大型机的分析能力只不过是实现这些目的的手段，而并非为了带来正确的科学知识。

所以我们必须要有自己的辨别能力，而不是迷信于科学主义。科学主义假借自然科学中采用方法论的权威，滥用于其他不能经受验证的领域。以所谓基于科学的预测的名义来操控社会进程，是我们所面临的实实在在的风险，尤其是目前人工智能被广泛应用的情况下。

专家：专业化的奥秘

科学主义往往伴随着一种危险的趋势，即把专业知识神秘化，它让人们感觉好像所有严肃的事情都必须经过专家判断并由他们来最终决定。计算机对知识的管理，更是强化了这种神秘的感觉。如今，每个问题上都有专家，随时准备为我们提供建议和指导。他们可能是那些就个人问题为我们提供建议的人，也可能是那些为重大社会和国家问题提出解决方案（例如，如何克服经济危机，如何减少不平等，以及如何解决难民问题）的人。

当然，我并不是说，我们不需要专家来为我们从技术层面阐明社会所面临的复杂问题。但每一个重大问题的解决方案，一般都会牵涉到政治、道德和舆论，这超出了科学知识的范围。如果我们把不同的国家应对新冠病毒危机的方式做一个比较，将是一件很有趣的事情。首先，在一开始不同的专家对风险的严重程度和必须采取的预防措施，意见并不完全一致。当然尽管很快专家们达成了某种程度的共识，但最后起决定作用的却也不是专家的知识，而是政治和道德上的考量。有些国家将挽救生命作为最重要的考量，而宁愿牺牲一定的经济增长；而有些国家则为了经济，不惜让自己的公民冒着死亡的风险。在这个事件中，专家所能做的只是确定一个选择框架，国家则根据价值标准来做出决策（见第 7 章“风险管理原则及其实施”小节）。

长期以来，知识都是少数人的专利。自古以来，知识都是为有权势的人服务的，他们可以购买知识，并按他们认为合适的方式使用。（说句题外话，我们所建立的教育体系更适合那些只会死记硬背的人，而那些拥有创造力和创造性思维的人则很少会得到承认。这个体系没有去培养好奇心和创造力，反而更容易造成思想上的怠惰和墨守成规。）即使在今天，也如此。“专家们”要么作为独立的专业人士，要么通过著名的咨询公司或智囊团，形成了一个制度性的生态系统，在引导舆论和直接影响政治抉择方面发挥着重要作用。他们动不动就给你来一番头头是道的分析——里面充斥着无数的参考资料、图表和报告——目的无非是暗中支持某些政治选择，或放烟幕弹，搅浑水。

在许多国家，专家们滥用专业知识给他们带来的权威性，甘愿为一些灾难性的政策站台。作为一个希腊人，我亲身经历了2007年希腊爆发的可怕的经济危机。当时在著名学术机构的专家建议下，政府实施了一系列改革和紧缩措施，但这些措施后来被证明对国家经济是灾难性的。现在已经非常清楚了，希腊遭受了严重的挫折，导致了严重的贫困以及收入和财产损失，这不但威胁到国家的独立性，而且把未来也抵押了进去。有的“专家生态系统”能起到一点验证的作用，有的则可能就是一帮寄生虫，这取决于具体环境。我读过那些所谓专家提出的对希腊进行改革的研究报告，这些报告即使没有恶意，也是空洞乏味的。我也同样看到一些专家委员会撰写的报告，他们花费无数时间和资金得出的结论，其最好的结局也不过是被扔进垃圾箱。当然，他们给出的结论和建议，大多也不过是投委托人所好而已。

专业知识的神秘化和公众舆论对知识的曲解正愈演愈烈，这对现代社会来说无疑是一种威胁。

研究人员、研究和创新

下面，我再讲一些关于有组织的研究和研究人员的事情。

研究和研究人员

目前科学研究的目标是系统地产生知识。这对于现代创新型经济的发展至关重要。科学研究主要在大学、研究机构以及大公司的实验室里进行。

科学家这个职业不同于其他职业，从业者需要具备强大的动力和奉献精神，以及一定的创造力。我个人在这个职业中体验到的美妙之处，在于自由的感觉，这是探索新知识的先决条件。然而探索知识需要严谨、认真，在有这种责任感的同时，还要把控过度的自由，这并不是一件简单的事情。我看到很多研究人员在选择中迷失了方向，最终陷入僵局；我也看到不少研究人员喜欢安稳地走别人走过的道路，这些道路没有风险，但取得突破性成果的可能性很小，就像一位教授曾经告诉我的那样："再怎么尝试改进蜡烛的制作工艺，你也不可能发明出灯泡。"在我的一生中，我一直力图遵循自己心灵的指引，开辟自己的道路。有时，我做到了，而有时，我做不到。我试图让自己摆脱主流思想的束缚，但这种尝试让我付出了不少代价。

现在，研究人员组成大型的社群，他们有共同关心的问题，想要尽可能地拓展知识的边界，但每个人都只是在研究整个领域中特定的一些问题。做研究已经不像60年前那么自由了。为了应对我们所说的科学和技术挑战，现在的大型研究项目主要由国家和企业推动与资助。这些项目往往是多年期的，每个项目都有大笔的研究资金。这就是为什么人们经常讨论花费在项目上的资金是否以及在多大程度上能在合理的时间内实现预期的效果。我想特别强调的是，如果研究者不能清晰地把这些问题阐述清楚，社会就必须对其研究的优先级甚至研究方向进行一定的控制。

我之所以如此建议，是因为想给大家强调，定义明确的科学和技术挑战与"愿景"之间的区别。前者的目标是克服知识发展中的障碍，其具有以下三个特点。

1. 目标相对明确，涉及的问题是：实现一个具体的目标，例如证明一个高深的数学结论或开发一款疫苗；或者寻求一个框架来巩固现有知识，提出一种新的扩展知识的方法，例如物理学理论的统一。

2. 目标是现实的，因为它考虑了相关知识领域的最新技术水平，以及理论和实践的限制，例如复杂性和实验证据。

3. 实现这一目标将导致知识发展的突破。也就是说，它带来的知识变化不同于我们日常所说的渐进式变化，而是质变。

而所谓愿景，也代表一个长期的、雄心勃勃的目标，但它不符合上述任何标准。例如“战略防御计划”，即所谓的“星球大战计划”，就是一种愿景，它是由美国总统罗纳德·里根于 1983 年发起的。[7] 从一开始就很明显，这个计划的目标是无法实现的，我觉得没有专家不认同这一点。尽管该计划未能实现其最初的目标，但它调动了国防部门的投资，而这导致了重大的“附带”结果。

今天，人工智能的愿景也动员了大型科技公司热情参与并为此投入巨资。但关于智能是什么，每个人都或多或少地存在一些困惑。媒体和那些大型科技公司都在哗众取宠，散布谬论，让人们误以为达到人类水平的人工智能只需要几年时间。各种“专家”对未来将由机器主导的预测，放大了对新智能时代到来的兴奋和喧嚣。这让人很难对人工智能革命可能带来的风险清醒地思考，人们也无法获取足够的信息来合理地辩论。这导致大多数人认为，人工智能取代人类，将成为我们无法逃脱的宿命。

愿景的问题在于，在所描绘的崇高、花哨的目标之下，可能隐藏着其他不可告人的目的。

每年的运营预算费用为 10 亿欧元的欧洲核子研究组织（CERN）有多大的可能性实现其设定的目标呢？它的目标中包括“为所有人的利益而拓展科学技术的前沿”，帮助“发现宇宙的构成以及发展”。[8] 很难想象，在已经发现的长长的粒子列表中，再添加新的粒子，如何有助于实现这些宏伟的目标。

“太空计划”要满足什么需求？为什么我们要移民其他星球？就算这在小范围内是可以做到的，其成本也将让社会不堪重负，何况收益还很小。载人火星旅行要面对巨大的技术困难，但媒体却经常在谈论移民火星的话题，好像在不久的将来我们就有可能实现似的。

“有远见的人”可能会就我上述的质疑回敬道：“为了科学知识的进步。”然而问题是目标应当有优先级，也应当有层次递进。全球范围内由环境和流行病引起的问题，更为紧迫和严峻，但为什么就没有引起同样的重视呢？如今，做研究的成本很高。仅仅为了满足好奇心，或为了实现笼统的、模糊的“知识进步”的目标，而浪费巨额的人力、物力，是得不偿失的。研究应当有助于人类向好的方面，且不应当损害共同利益。如果那些大型组织所主张的愿景，能够根据上述标准进行一番分析，将是一件再好不过的事。

研究与创新

创新作为经济的驱动力是一个相对较新的现象。二战后形成的研究和技术模式在 20 世纪 90 年代发生了根本性的变化，主要有两个原因：第一，创新周期加速，特别是在竞争和市场的压力下，基础研究和应用研究几乎同步进行；第二，基础研究逐渐成了一种“奢侈品”，只有财力非常雄厚的公司才有能力做。

今天，企业纵向整合的程度越来越低。为了最大限度地降低成本和风险，它们与研究机构合作，开发共同感兴趣的项目和技术，以满足彼此的需求。在这种伙伴关系中，风险资本会将相应的研究成果，通过培育成初创公司的形式加以利用，这对技术的落地发挥着重要作用。

企业与大学之间的合作从根本上改变了大学的研究结构，也改变了评估研究人员的标准。我们已经从小型理论研究团队的时代过渡到大型实验室团队的时代，一项雄心勃勃的研究计划动辄就需要数百名研究人员的合作。

我记得，当我还是个孩子的时候，印象中的研究员就是穿着白大褂，戴着厚厚的眼镜，弯腰驼背地趴在实验室的桌子上，为了想出一个神奇的公式而夜以继日地工作。今天，我们与这种知识生产的模式已经相去甚远了。我们需要大量资金和许多配套的基础设施。

同样，学科的融合也至关重要。首先，由于许多研究本质上与技术密切相关，因此基础研究和应用研究之间就需要相互合作。此外，现在研究通常是跨学科的，必须将多个知识领域联系起来才有可能做出突破，例如医药研究有可能用到大数据、人工智能相关的知识。

此外，我们还需要科研项目的领导者具备卓越的个人品质。这种品质意味着产生知识并将其应用于创新思想的能力。财政资源加上大量缺乏经验的研究人员，并不能取代一个有才华的研究人员的创造力。

因此现代的创新，并不是关起门来就能完成的。而是要形成一个完善的创新生态系统。这个生态系统是三个因素协同作用的结果：（1）研究机构；（2）工业企业；（3）初创企业。最典型的例子就是美国的几大科研名校如斯坦福大学、加州大学伯克利分校、麻省理工学院和卡内基梅隆大学，它们的周边区域布满了各式各样的大型企业或初创企业。

一个完善的创新生态系统，能够会集专家、科学家、工程师和管理人员等重要的人力资源，并具有特殊的创新文化。它所构建的特殊的生活方式，具有极大的吸引力——硅谷就是一个很好的案例。国家通过提出激励和规划进行干预，确保获得外国技术、特殊税收制度和版权保护等。金融机构——风险投资基金和银行——为初创企业提供资金支持。当然，每个人都在为生产创新型产品和服务而共同努力。

需要特别指出的是，创新生态系统中的三个参与者在协同作用中的角色具有很强的互补性。研究机构开展基础研究，也与大型企业进行合作。它们从大型企业那里获得研究资金，并乐于解决技术发展带来的新问题。而初创企业通常由研究人员和发明家创立。与大型企业相比，它们具有灵活和高效的优势。

创新当然并非是美国、日本和德国等大国的特权。以色列、瑞士和北欧一些小国家在创新领域也名列前茅。这些小国在过去几十年获得的优势和实力基础上，也都发展出了各自的创新生态系统和强大的研究结构。最引人注目的当属技术超级大国以色列，以及对购买专利非常“激进”的瑞士。

最后，我想强调人的因素对于建设创新驱动型经济的重要性。缺乏远见不能用金钱来弥补。政策应该支持创造性的个人发挥他们的主动性，支持精英管理，打击腐败。政府应该采取措施促进创业和吸引创新企业。它们应该改革研究机构，为个人充分发挥才能以及学科融合创造条件，为促进学术成果与实体经济的联系提供激励政策。

有些国家虽然具有强大的科研能力，但注定不会成功，因为它们的政策是以经济和地理决定论为主导的，而忽视了人的因素在创新竞争中的重要性。

Part 2

计算、知识和智能

在本部分，我们将分析计算过程和物理现象之间的关系，以及人类和机器对知识的生产与应用。

- 我们通过对信息学和物理学的基本概念与模型进行比较，讨论了两者之间的关系以及两个领域的知识如何相互丰富。
- 我们比较了人工智能和自然智能，并试图回答这样一个问题：如今的计算机是否以及在何种程度上可以接近人类的心理能力。
- 在实现强人工智能愿景的前提下，我们讨论了能够在复杂操作中取代人类的自主系统，以及盲目使用这些系统可能带来的风险——无论这些风险是真实存在的，还是假想的。

第 4 章

物理现象和计算过程

科学知识与计算

物理世界的模型和信息学的模型有一个可以作为比较基础的共同特征，即它们都是动态系统，从一种状态到另一种状态的转化都可以由系统的状态和操作描述。但这两个领域也存在非常重要的区别，其知识发展方式以及我们对知识的形式化和解释方式完全不同。我们之前已经阐述过一个区别，科学知识是经验性的，而我们对计算系统的知识是先验性的——至少在计算理论方面是这样的。

接下来，我将解释计算过程和物理现象之间的异同。一个很有趣的内容是，利用物理过程（如量子过程）进行自然计算的概念，由于它采用的是完全不同的计算模型，所以并不会受到传统算法模型的固有限制。

计算过程和实验方法

艾伦·图灵所定义的计算模型是离散的，因为它们是基于算术的。计算是机器通过执行有限数量的操作（步骤）来执行算法的过程，根据给定输入计算出函数的值。当进程终止时，机器的状态会提示结果。

机器是根据数学关系建模的，这种数学关系决定了机器如何从一种状态转换到另一种状态。机器的状态由数值构成，这些数值在机器执行算法时会进行转换。我之前已经解释过，计算的结果与时空中发生的事情没有关系。人们或许可以定义一个“逻辑时间”的概念，即机器在开始执行算法后的操作步数。但这个过程只是一个序列，逻辑时间的概念独立于物理时间。

由于我们对计算机的知识是基于数学发展起来的，因此不同于我们对物理现象的了解，用发展科学知识的实验方法来研究计算机的知识显然是不妥当的。

假设我们有一个程序，并且想检验一下这个程序是否可以计算函数 $f: x \to x^2$。换句话说，当我在程序中输入数字 x 时，它得出的结果是不是输出 x 的平方。我们做了一个实验，对于 x = 0, 1, 2, 3……等值，我们得到的计算结果是 $f(x)$ = 0, 1, 4, 9 ……如果我们使用的是科学实验的方法，那么我们自然就要问：需要多少实验数据正确，才能得出“程序计算的是 x 的平方”这一结论呢？显然没有答案，随着计算的增加，错误可能就在拐角，不管有多少实验数据正确，我们都无法得出上述结论。因此事实上观察归纳的方法并不适合于计算机领域。那为什么观察归纳的方法就适用于物理现象（见第 2 章“科学知识的本质”小节）了呢？这是因为简单的物理现象具有鲁棒性，从某种意义上说，小的变化只能引起小的影响。但这种性质对算法是不成立的，因为它具有离散性，内存中的微小变化可以从根本上改变算法的行为。

但由于算法被定义为数学模型，因此我们可以——至少在理论上——通过数学验证来获得更充分的保证。也就是说，基于对算法代码的逻辑分析便可以证明一个定理，即对于 x 的每个值，它计算的必然是 x^2。

因此，与物理现象相反，要想理解程序的计算过程，就要进行逻辑分析，即使用编程语言描述的数学定义以及关于其数据结构的公理来证明某个定理。这样的分析可能会让你发现与程序变量关联的恒定关系（不变量），它在程序执行的过程中始终为真。因此，每个程序都是一个独立的世界，由它自己的规则支配，这些规则是由编写程序的人间接定义的。不同于物理定律，它们无法通过实验得出，而是通过逻辑分析和证明得出。

作为计算过程的物理现象

有两种不同的方法可以把物理现象和计算过程关联起来。

第一种（随后发展成为数字物理学），认为宇宙可以被视为一台无休止地执行程序的计算机。[1] 宇宙程序的状态由观察到的物理量的值来确定，其在运行时所经历的状态精确地表征了物理现象的变化。这里我介绍一下“元胞自动机”，这也是我觉得比较有趣的一个代表。“元胞自动机”的概念是由英国计算机科学家、物理学家史蒂芬·沃尔弗拉姆在其著作《一种新科学》（*A New Kind of Science*）中提出的。[2] 元胞自动机是一个由假想的数量无限多的简单机器（“元胞”）组成的，元胞在空间中排列，相邻元胞之间可以进行局部的交互，虽然每个元胞的功能非常简单，但元胞自动机整体可以呈现出惊人的复杂的涌现行为。这一点在英国数学家约翰·何顿·康威的著作《生命的游戏》（*The Game of Life*）一书中也有相关介绍。[3]

第二种方法并不是将宇宙看作一台计算机，而是将物理现象解释为物理变量值根据物理定律改变的计算过程。

这引出了一个“自然计算机”的概念。假如我知道支配某种物理现象的规律（例如，我知道从某个高度抛出一块石头，它会划出一条抛物线的轨迹），那么我就可以认为，在这种条件下石头就是一台计算机，可以实时地求解抛物线方程。

每个物理现象都包含一个计算过程，这个想法虽然简单，但却非常有用。例如可以应用到所谓的“模拟计算机”中来求解线性微分方程组。模拟计算机是一个简单的电路，这些电路的行为可以用线性微分方程系统来描述。因此，我们可以利用这些电路来研究任何涉及求解线性微分方程的问题。“程序员”需要做的事情就是构建这样一个电路：问题中的每个变量都可以用电路上的某个点的电压来表示。因此，观察到的电路行为就是问题的解：针对问题中的每个变量，相应点的电压都会发生变化，问题的答案则由描述这些点电压的函数得出。

除了模拟电路，我们还有其他更多有趣的自然计算模型，例如人工神经网络。人工神经网络模仿的是大脑神经回路的机制，并被成功地应用于机器学习（见第 2 章“神经网络”小节）。此外，还有量子计算机、生物计算机等，它们分别利用量子现象和蛋白质的特性来实现基本的计算操作。

自然计算机不是执行程序员编写的程序，但它们却能有效地计算那些参数可确定的函数族。它们“模仿”了物理系统，因此也就最适合用来模拟物理过程（包括学习），人工智能领域的成就是一个很好的证明。

物理现象和计算过程的比较

计算和连续的概念

连续是一个数学概念。如果任意两个元素 a 和 b 满足 a < b，存在另一个不同的元素 c，满足 a < c < b，那么我们说，这样的一个

有序集合是连续的。有理数集和实数集属于这样的集合。按照这样的定义，几何上的直线、圆、球体等同样也都是连续的。

事实上，自古以来人们都在思考连续的问题。最早也是最著名的例子，莫过于德谟克利特和芝诺用其著名的悖论来驳斥自然连续性的想法：阿喀琉斯与乌龟赛跑，阿喀琉斯每跨一步的距离是他与终点线之间距离的一半，而乌龟则以恒定的速度移动。芝诺认为，乌龟会首先到达终点——当然，他假设空间是连续的。芝诺的论证是，由于空间连续，阿喀琉斯将始终与终点保持一定的距离，无论这个距离多么微小；而乌龟会在有限的时间里完成整个距离到达终点。

连续事实上是一种非常有用的抽象。即使大自然中没有完美的直线或圆，我们也可以利用这些概念，从形式上理解空间及其属性。只需要很少的信息就可以确定一个抽象的几何形状——一条直线由两个点确定，一个圆由它的中心和半径确定。因此，我们相信自己是在连续不断的平坦道路上行驶，并且任何坑洼的地方都会有适当的标志来提示风险。使现实变得可以预测的，是连续所产生的平滑性。

不管物理世界的本质是连续的还是离散的，时空连续的假设在经典物理学中已经被证明是非常有用的。而由于时间是所有观测量的共同参数，随着时间的推移，观测量也以“同步”的方式变化。因此我们就可以用连续的数学模型来忠实地描述物理现象。目前几乎所有的经典物理学和技术学科都依赖连续的数学模型。连续模型也最适合做数学分析，它可以描述离散模型所无法捕捉到的现象。如果我们只局限于离散模型，那么我们就无法研究通常靠微分方程描述的动态现象。

连续模型还有一个特点，即收敛性。假设我想研究一个球体的运动，我让这个球体从某个高度落到地板上。事实上，每次球体撞击地面时，它都会失去一部分能量，因此球体最终会停下来。在高中的物理课上老师描述过这种现象，为了计算球体何时停下来，我们需要找出它碰撞地面次数的收敛序列的极限。

但计算机却只能处理离散的问题，这限制了它们模拟具有收敛性的事件的能力。由于两次碰撞之间的差异可以变得无限小，计算机无法计算出这个极限。如果我们让计算机求解控制这一现象的方程，它可能会在非常接近极限的地方停止计算。很显然，出现这种情况的原因是计算机无法处理无穷小量，也就是要计算一个小于任何量但又大于零的极限值。计算机的内存是有限的，表示无穷小量的数位一定会超出计算机的存储容量。

当然还有一种方法可以计算这种收敛性问题，即通过编程来证明序列的收敛。然而，要想做到这一点，我们需要使用逻辑规则和代数性质来进行数学归纳。这是不可行的，由哥德尔定理可知，计算机无法系统地做出归纳假设（见第 3 章“形式化语言：理论”小节）。

总而言之，我想说的是，基于离散模型的计算机，不具备计算连续模型的“能力”，只能在精确性上接近连续模型，然而这样做的计算成本很高。

于是，有一个显然的问题，程序员在编写模拟物理现象的程序（如视频游戏，以及一些实时控制和虚拟现实系统）时，如何才能真实地反映出这些现象的动态呢？答案是，对系统的动态做详尽了解，并利用一些技术对它们进行适当编程。但这些技术只适用于构建的这个动态系统，而非普适的和自动化的。

系统中的冲突和资源

计算的离散性会引发一些现象，例如为获取资源而采取的行动之间的冲突。这些现象特别有趣，因为它们也会出现在经济和社会系统以及心理过程中，我们将在第 6 章中对此进行阐述。

我们认为一个系统可以用以下方式描述：（1）代表系统状态的一组变量；（2）一系列操作。

1. 变量的可能值确定了系统的状态集合。在机械系统的情况下，变量通常是连续的。例如，运动物体的状态是由它的位置、速度和加速度决定的。而在程序中，变量是离散的，它们代表了程序中的数据，系统状态则由程序执行的过程中变量的当前值确定。

2. 操作是支配状态变化的规则。只有当表征状态的变量值满足某些先决条件时，才会启动某种操作。例如，当室温（变量）低于 18 摄氏度时，恒温器接到命令开始加热；电梯在某一楼层停下后，电梯门打开。当满足某些条件时，操作的执行将导致系统从当前状态转换到新的状态，这意味着系统变量的值发生了变化。因此，在使用我的信用卡购买价值 100 欧元的产品时，其前提是我的账户有足够的额度。当交易发生时，我的银行账户将进入一个新的状态（减少 100 欧元）。

资源的概念对于所有类型的系统来说都是非常普遍和重要的。充足的资源是启动操作和状态改变的先决条件。对于一个操作来说，资源是一个状态变量，操作的启动至少需要一定数量的资源，即资源是操作发生的前提条件之一。

资源可以量化。它可以表现为物理量或经济量，例如能量、功率、内存、时间、实物商品或金钱。因此，时间和内存是执行程序所需的资源，金钱是购买商品所需的资源，力（能量）是物体加速所需的资源。

此外，资源也可以是定性的，即某种结果是否产生，取决于是否拥有某种资源。例如，知识是一种定性的资源，它可以让人具备某种行动的能力：我是否知道如何游泳、如何用英语交谈、如何做炖菜等等。关于定性的资源，我们可以假设它对应变量的值为 1 或 0，具体取值取决于这种资源是否可用。

每个操作都需要一些最基本的资源才能执行。对于定性的资源来说，我们通常认为具备基本资源时的取值是“1”。在执行操作时，系统会消耗必要的资源，并可能释放其他资源。例如，当一个程序正在执行时，计算机将保留执行程序所需的内存和处理器时间。当程序结束时，它会释放使用过的内存。需要注意的是，操作执行时会有资源的消耗，例如程序执行时间。

在有些情况下，资源的数量保持不变：资源在使用时被提交，使用后被释放。这种情况包括非物质资源（如知识），以及各种身体器官。器官的使用对于像运动或解决问题这样的活动来说是必要的。例如，当我走路时，我会使用我的腿，这是运动动作的非消耗性资源。化学反应式 $H_2+O \rightarrow H_2O$ 表示两个氢原子和一个氧原子在催化剂的作用下产生一个水分子，在这种情况下催化剂就是一种非消耗性资源。

资源的储备和管理对于系统的运行很重要，因为这决定了操作的可行性及系统的整体行为。在这方面，物理的连续系统和计算的离散系统之间存在关键区别。

在具有连续操作的物理系统中，如果同时发生的两个操作需要同样的资源，那么每个操作的资源分配是以连续的方式进行的，这样才能满足基本的物理定律。

相反，在离散系统（如计算机和人工交易系统）中，两个操作之间可能会出现冲突：我们假设离散系统的某个状态下可能出现两个操作 a 和 b，并且每个操作都需要一定数量的可消耗资源（如内存或金钱）才能完成，a 和 b 所需的资源数量分别用 ra 和 rb 表示。

如果总的可用资源的数量小于 ra + rb 之和，那么一个操作在执行过程中会将可用资源减少到另一个操作不再可能被执行的程度。换句话说，当两个操作需要一个公共资源才能完成，并且一个操作在执行时另一个操作的执行就会中断，那么两个动作 a 和 b 之间可能会产生冲突。

冲突的例子不胜枚举，不仅在计算机中，在日常生活中也是如此。当我有一定数量的可用资金，但不足以完全满足两个目的时，我必须通过选择来解决冲突。类似地，如果计算机执行两个程序 a 和 b 所需要的计算时间分别是 ta 和 tb，并且计算机可用的总的计算时间小于 ta + tb，那么，执行其中的一个程序，就会阻碍另一个程序的执行。

总之，一个系统有一组状态和操作。系统的状态决定了可用资源的性质（可消耗的或不可消耗的）。在一个状态下执行的每个操作都取决于它所需要的资源。当执行一个操作时，系统进入一个新的状态，同时消耗掉所需要的资源，且可能会释放新的资源。

当资源有限时，操作之间的竞争遵循“狗咬狗”的逻辑——被选择执行的操作占用共享资源并排斥其他操作。当两个或多个操作发生冲突时，就需要利用信息来选出那些能够充分利用资源并避免死锁的操作。

死锁是现实生活中离散系统的一个非常典型的现象。如果系统已用尽所有可用资源并且不可能再执行其他任何操作，那么系统就处于死锁状态。死锁是系统“破产”的一种形式。这是怎么发生的呢？

让我们假设一台计算机有100个可用于程序执行的内存单元，并且这个内存量足以支持任何程序的运行。在实践中，计算机可以“同时运行”多个程序，例如图形管理、互联网连接、各种应用程序等。当一个程序被执行时，它向内存管理系统“请求”配置一个初始的内存数，此后则按照程序运行的需求，连续地发送内存请求，直到程序结束，释放执行时分配给它的所有内存。

现在很容易理解死锁是如何发生的了：计算机总共有100个内存单元，已经给正在运行的程序分配了90个单元，现在每个运行的程序都需要额外超过10个单元的内存才能继续运行。在这种情况下，如果不做处理，显然所有的程序都将无法继续运行，唯一的解决方案就是停止至少一个正在运行的程序，释放出它们的内存，分配给其他正在运行的程序。很明显，死锁对于正在运行关键应用程序的计算机是危险的，因为它可能导致程序异常终止。

然而，死锁不仅会出现在计算过程中，还会出现在任何管理能源、货币甚至非物质资源（如权利）的系统中。公司资不抵债正是一种死锁的形式。死锁的另一个例子是，在政治危机的背景下，靠当前的规则无法引导人们摆脱危机——所有可能的措施都被禁止。

死锁是阻碍系统发展的糟糕情况。这就是为什么我们必须非常小心地管理资源。计算机会根据预先设定好的规则，通过资源管理系统来做出决策。如果两个操作 a 和 b 之间存在冲突，那么资源管理器会根据一定的标准分配资源。一个“公平”的标准是在 a 和 b 之间交替分配资源。另外还有其他的分配标准，例如根据操作的重要性来安排优先级别。因此，警报系统的操作比正常情况下发生的其他操作具有更高的优先级别。交通管理的原则也是如此，道路是车辆共享的资源，主干道上交通状况的处理就要优先于次级道路上的。

当然，我们可以通过增加足够用的资源来构建无冲突的系统。这样，系统就处于一种资源富余的状态，共享这些资源的操作之间不会发生冲突。但是，这样的系统不能高效地利用它们的资源，因此是不经济的：所有操作都会要求尽可能多的资源，因此系统不得不满足所有操作的最大资源需求。

还有另一种简单的系统，通过设计，操作之间就不会发生冲突：系统的状态明确地决定了其发展。这些系统是确定的。例如经典物理学中的力学系统，给定初始状态，后续状态便由系统启动后所经过的时间来确定。具有单个“执行线程”的程序也是确定的，即在每个步骤中，它只能执行一条命令。

总之，我想说的是，资源管理和避免死锁对于离散系统与计算机来说是非常重要的问题。这是描述计算以及经济和社会现象的离散过程与连续的物理现象之间的根本区别。在接下来的章节中，我们将阐明冲突的概念是理解意识和心理过程的关键。

时间和同步

物理现象由那些可以作为时间函数变量的关系来描述。关于时间的著作已经数不胜数。我只想指出，时间不过是物理量的一个普通参数，这些物理量的状态随着时间参数的增加而变化。这里有一个重要的概念是同步：随着时间这一参数的每一次任意小量的增加，所有物理量都会同时且连续地发生变化。这就像一部电影：运动物体的位置、速度和加速度作为时间的函数而变化；当在同一个参考系中有许多运动物体时，只要了解这些物体的初始运动状态，它们的位置就可以由它们开始运动后所经过的时间来确定。在我们可观测的尺度上，物理现象的这种奇妙特性使得理解它们变得非常简单。随着时间的推移，在空间中的一切都以既定的、平行的方式发生。绝对同步是决定论的一种性质，感觉上好像非常“自然”，但在计算过程中却并不那么容易。

德国数学家和哲学家莱布尼茨是牛顿的同时代人，也是微积分的共同发明者，他想知道，两个完全相同的钟摆在没有任何外在影响的情况下是如何以绝对同步的方式运动的。当然，这种现象在物理学中可以用下面这个事实来解释：钟摆都悬挂在同一个重力场中，它们受到相同的重力加速度 g 。无论根据物理学对这一现象的解释是什么，作为一位深刻的思想家和哲学家，莱布尼茨的看法是正确的：大自然在没有明显代价的情况下就可以做到的事情，其实具有巨大的计算复杂度，人类之所以觉得复杂，是因为我们的算法中没有内置的空间和时间概念。

计算理论完全是基于算术的，它与时空的物理性质无关，我们只能以近似的方式对时空的物理性质建模。如果我们用程序代替钟摆，它们的精确同步将需要相当大的计算开销。此外，由于计算是离散的，同步的效果不会像自然界中那样完美。

物理时间与我们用在计算过程中的时间概念之间存在显著差异。当然，在这两种情况下，“时间”都有助于我们理解现象的变化。

我们已经说过，物理时间可以理解为一个单调递增的参数，它“标记”了物理宇宙中的所有事件。每个事件被标记的时间可能取决于观察者。物理时间有时又被称为外生时间，因为变化是物理现实固有的属性，所以时间不可能停止流逝。时间被看作是一个轮子，它一转动，就决定了所有现象的变化。它使我们能够把宇宙中并行发生的现象的变化率关联起来。

程序在计算函数的时候是按照命令的逻辑顺序进行的，它与物理时间无关。程序的执行时间取决于执行程序的计算机的速度。但当我们使用计算机去模拟物理现象时，我们用一个变量来表示物理时间，这个变量会随着计算机执行模拟物理现象的过程而增加。这个变量是根据模拟物理现象的速度变化的，它可以被称为“内生时间”，因为它的变化速度与计算机的实际时间无关。它的值代表的是被模拟现象的时间。因此，当模拟复杂现象的演变过程时，实际的一秒钟可能会在模拟程序中持续数天，具体要取决于执行模拟程序的计算机的速度。

如今，我们可以使用功能强大的计算机来模拟复杂的力学系统行为。例如在设计汽车或飞机时，我们通常使用虚拟模型，而不是建立一个物理模型。这种利用模拟的设计技术只需要改变几个模型参数，便可以得到一个新的设计方案，这极大地降低了开发成本，而且使实验变得简单易行，提高了工程师的效率。这就是我们所说的基于模型的设计。

计算机在模拟具有许多变量（作为时间的函数）的复杂系统时，涉及执行循环的过程。在循环的过程中，计算机需要根据时间步长 Δ 来一步步地计算每个变量的演变。一旦知道了系统变量的值（系统的状态），计算机就会在经过时间 Δ 后计算一个新的值。然而，有些现象的变化非常快，考虑到事件会在极短的时间内呈现出爆发的趋势，这时时间步长 Δ 就必须是可变的。调整 Δ 的值来适应所模拟的现象的动态变化，是一个具有挑战性的问题。

当模型非常复杂，以至于无法通过单台计算机解决时，模拟就变得更加困难。在这种情况下，我们必须使用协同计算机阵列，这就要求把所有计算机运行的模拟程序同步起来。换句话说，模拟程序的内生计算时间必须尽可能一致，然而这可能会导致非常庞大的计算开销，甚至会抵消并行计算的优势。

请注意，被认为是量子计算之父的物理学家理查德·费曼在 1982 年就讨论过这个问题。在他题为《计算机模拟物理》

（Simulation Physics with Computers）的文章中，费曼说："我想要的模拟规则是，当模拟一个大型物理系统时，所需的计算机元素的数量与物理系统的时空体成正比。我可不想计算机因为过热而烧掉。"[4]

在此我不想讨论技术细节。我只想说，用计算机模拟物理现象具有高度的复杂性，因为计算的性质是离散的，而且把模拟过程同步化的成本非常高。而物理时间可以以一种"神奇"的方式实现这一切，没有任何成本。

为什么物理世界是可理解的

当我们将物理世界和计算机世界进行比较时，我们可以得出一个结论，即物理世界的结构和行为具有非常强的一致性和正态性。同样简单、基础的定律支配着时空中所有的物理现象。作为对比，每个程序都可以被看作是一个具有自己特定规则的宇宙。这些规则通常很复杂，很难通过实验来猜测。当然，正如我在前文所说的，我们可以通过一些技术来发现这些规则：给定一个程序，理论上可以计算其变量之间的不变关系。但这只是理论上，实际中却很难实现。

计算机世界的规则是复杂且难以发现的。如果物理世界像计算机世界那样去构建，我们就无法发现科学真理，也就不会有任何科学。

我曾经解释过，物理定律是通过归纳的过程产生的，但这个过程在逻辑上是武断的。人类通过实验发现了这些定律。例如，我们发现电阻器的电流和电压之比是恒定的；运动物体的空气阻力与其速度的平方成正比。然而，这种为了发现支配物理现象的规律而进行观察 / 归纳的过程在计算系统中是行不通的。其原因在于，在物理世界中我们有一个被简单规律支配的“一致性”行为，而在计算机世界，我们观察不到任何这样的行为。

从另一个角度来看，既然我们无法设计出一个拥有“一致性”行为的离散计算机系统，那是否可以设计一个拥有“正态性”行为的系统呢？如果可以，我们就能通过大量的实验观察，进而归纳总结，得出一个可能性较高的规律，就像我们对简单的物理系统所做的那样。真实的答案是令人失望的。

我们再做一个比较。物理世界是粒子的组合，而计算机世界是计算元素的组合。但为什么在物理世界的更高层次上，却出现了简单且可预测的规律，而在计算机世界中却没有这样的规律呢？对于这个物理世界的奇妙特性，爱因斯坦曾说：“宇宙最不可理解的事情就是它是可以理解的。”物理的基本定律非常简单，普通的因果关系可以用简单的线性定律来表征。这使我们能够使用线性微分方程系统相当近似地描述物理现象。当然，也有更复杂、更混沌的现象，某些参数的微小变化就可以改变整个系统的动态，这就是所谓的“蝴蝶效应”。然而，所有技术文明都是基于这样一个事实，即我们制造的力学或电学产品都遵循极其简单的法则，它们的行为可以预测。

计算系统，即使是最基本的形式，也很难让人理解。绝大多数这样的系统是非线性的。此外，由于信息的离散性，计算系统就其本质而言是混沌的。我们可以拥有高鲁棒性的程序吗？我们能否找到一种编程语言，当程序代码有微小改变时只会导致系统行为发生轻微变化，而不是显著变化？

事实上，大自然的“程序”确实拥有计算机所不具备的鲁棒性。例如，如果土木工程师已经针对一定强度的钢材进行了计算，并且确定其设计的建筑物的结构是稳固的，那么可以肯定，如果使用更高强度的钢材，该建筑物的结构仍然是稳固的。但这种方式不适用于没有弹性的计算机系统，这样做会引发我们所说的“异常”：系统组件某些参数的改进并没有带来我们预期的系统整体行为的改进。

一个众所周知的例子是关于时间异常的，其中出现了如下“悖论”：当人们在计算机上执行程序时，理所当然地认为计算机的运行速度越快，执行程序的时间就越短。但是在某些情况下，这种观点是不正确的——计算机的性能不仅没有提高，反而有可能变得更差。

如上所述，这些异常是由于计算过程的不确定性和解决冲突的方式造成的。当我们试图通过增加可用资源来改善系统性能时，资源管理的自由度就会增加，新的选择也出现了，这可能会导致灾难性的结果。例如当我们增加可用内存时，便会出现类似的异常情况。众所周知，在程序执行期间缺少可用内存会导致死锁。但在某些情况下，增加系统中的内存数量也会导致死锁。

以上讨论表明，物理系统和计算系统之间存在显著差异。这些差异是由于计算系统的离散性质造成的。有趣的是，计算系统的行为和属性与经济和社会现象具有许多相似之处。

第 5 章

人类智能与人工智能

人类智能和人工智能的关系是一个非常热门的话题。特别由于近些年，人们在机器学习研究以及智能服务和系统开发中取得了惊人的成就，让这个话题越发充满争议。

人类智能的特征

思维的快与慢

众所周知，我们的思维包含两种思维方式。[1]

第一种是较慢却有意识加工的思维，这是程序性的并且需要运用推理规则。我们使用慢速思维去有意识地解决问题，例如分析问题、做计划或制造东西。

第二种则是快速却自动（无意识）完成的思维。快速思维是自动完成的，却可以让我们解决复杂度极高的问题，例如说话、走路、弹钢琴等。当我们走路时，我们的“高速计算机”所解决的问题如果用算法进行实时处理将变得极其复杂。试想如果有一位钢琴家在演奏一首钢琴曲时，他要先想清楚自己在某一时刻应该做什么动作，以及使出多大的力，那显然会失去节奏感。

自动思维是人类智能中最重要的部分。如果我们对快速思维和慢速思维两个系统处理信息的能力进行比较，会发现前者处理的信息要远多于后者。当然，这种比较是从量上来说的，并没有考虑信息的重要性权重。

两种思维方式之间有着显著的协作和互补。人出生后，有意识的、慢速的思维系统逐渐创造出一些流程，随后由快速系统进行自动化执行。例如当婴儿有意识地不断重复说出“妈妈”时，大脑的快速思维系统会逐渐学习，直到它掌握了这个词语，再之后说“妈妈”这个词的时候便能够自动完成了，而不需要再去想发声器官如何配合。当我们学习如何骑自行车时也会发生同样的情况。首先，我们有意识地去尝试在两个轮子上保持平衡，这是一个“试错”的过程。最终，我们的“快速计算机”学会了如何自动平衡，而不需要我们了解力学定律。

这两种思维模式也对应两种不同的计算模式。慢速思维，是基于我们理解事物的心智模式，这种模式与我们对计算机进行编程的计算模式类似。而快速思维是有意识学习的结果，通过反复地训练，内化成一种自动的模式，这与人工神经网络的计算模型一样。如果我们想制造一个双足机器人或一个能骑自行车的机器人，我们可以采取两种不同的方法：一种是考虑好所有可能的物理情况，然后将机器人的动作编写为相应的程序；另一种则是对人工神经网络进行反复训练，让它在同样的物理条件下做出相似的动作。在第一种情况中，我们必须借助力学理论，编写能实时控制的程序。而在第二种情况中，我们并不知道关于力学的任何知识，但我们可以训练人工神经网络来学习如何平衡。

数学和逻辑是慢速思维的产物，它们在一定程度上也能反映这种思维的工作原理。事实上，计算机执行的算法和程序只是把这种思维方式形式化表示了出来。

顺便说一下，我们通常所说的“因果关系”，并不一定是物理现象的属性。它反映了我们理解现象的一种方式，因为慢速思维是一个连续的思考序列，于是推理规则就将这种前后相继发生的关系视作因果关系。如上文所说，计算过程只是慢速思维的形式化表示，因此计算过程的操作也就具备了因果关系的属性，当一个操作完成时，其结果会触发后续的操作。但在数学中，我们可以定义一些具有动态相关性的关系，简单来说，就是操作 A 的结果会影响别的操作（B、C……），反过来，其他操作的结果也会在一定程度上影响操作 A，它们之间处于相互影响的状态。这些关系显然不是因果关系，因此也不能作为单个的计算过程（一个操作的结果触发另一个操作）来执行。

话说回来，传统的计算机模拟的是慢速思维，而不是快速思维。事实上，最适合模拟快速思维的是那种直接依赖物理过程的自然计算机，例如量子计算机、蛋白质计算机，特别是人工神经网络。它们与快速思维一样，对信息的处理本质上是并行的，而且执行的大都是那种逻辑分析不可能完成的计算。不幸的是，快速思维是无意识的，人工神经网络的推理也是黑箱的，理解和分析其基本规律与机制将会徒劳无功。于是一个有趣的问题出现了：自然计算机可以有效地计算哪些函数呢？是否有可能出现一种新的计算理论，可以有效地利用物理系统（如虚拟机、人工神经网络、量子计算机）的计算能力？

常识智能

我一直说，传统计算机所拥有的任何“智能”都只是程序员的智能，它们只是在执行程序员用符号描述好的命令而已。

当然，随着人工神经网络的出现，情况发生了变化。人工神经网络采用完全不同的计算模式，这种模式不是靠编程，而是从庞大的数据集中进行学习。通过特定的学习，我们有许多专门解决某一类问题的“智能系统”：它们可以下国际象棋，对图像进行分类，参与电视节目等等，但是一个下象棋很厉害的系统却不能驾驶一辆汽车。

让计算机接近人类智能的第一步，是让它表现得像我们所说的强人工智能。换句话说，它们能把特定问题的解决方案与相应的技能结合起来，像人类一样对环境的刺激做出反应。

人类智能的特征是能够把对感官信息的感知 / 解释、信息的逻辑处理，以及可能导致行动的决策结合起来。这种能力与下棋时生成策略的能力不同。在游戏中，规则是预先确定的，而且不会改变。但与此不同的是，现实中的规则和目标会根据环境的动态变化而变化，而人类是能够适应这种变化的。

正如我将在下文中解释的那样，我们可以把意识理解为大脑在外部世界和内部世界的语义模型中“看到”自己如何行动的能力。这个模型在我们的婴儿时期就自动构建起来了。然后我们通过学习有意识地去丰富它。它是一个动态系统，它的状态一方面反映了我们对外部环境的感知，另一方面反映了我们对内部状态的意识。如果没有这样的语义模型，我们就不可能理解语言，更谈不上相互交流了。同时，在把每个人各自发展起来的语义模型联系在一起方面，语言的使用也起着重要作用。

人类的大部分智力都属于我们所说的常识。我们的大脑会使用它的语义模型来评估环境中正在发生的事情以及可能的后果。这个语义模型不断积累经验，几乎每天都在自我丰富。因此，像“父子”就可以因其他一系列常识性关系而变得丰富，例如“年龄”“地位”“支持”等，这些关系很难一一列举，也很难被形式化。

为了让计算机表现出人类的这种行为，我们必须赋予它相应的语义模型。理论上，如果我们能够对自然语言进行分析和形式化，按照层级构建出概念之间关系的语义网络，再加上表征和更新知识的规则，我们就可以构建出这样一个模型。例如，在定义“父子”时，我们需要想象出这个词所包含的所有相关关系和规则，并把它们都形式化。不幸的是，尽管进行了 50 多年的研究，我们在这个方向上却几乎没有取得任何进展。

举个例子，人类几乎立刻就可以把图 5-1 中显示的一系列图像解释为一次飞机事故。因为人在理解的过程中会使用语义模型的常识知识，将感知到的一系列图像的上下文联系起来。相比之下，计算机可以分析每张图像中感知到的信息，可以识别甚至可以把单个图像中出现的对象联系起来，但它无法分析和理解图像之间的动态关系，因为它缺乏得出相同结论的知识。

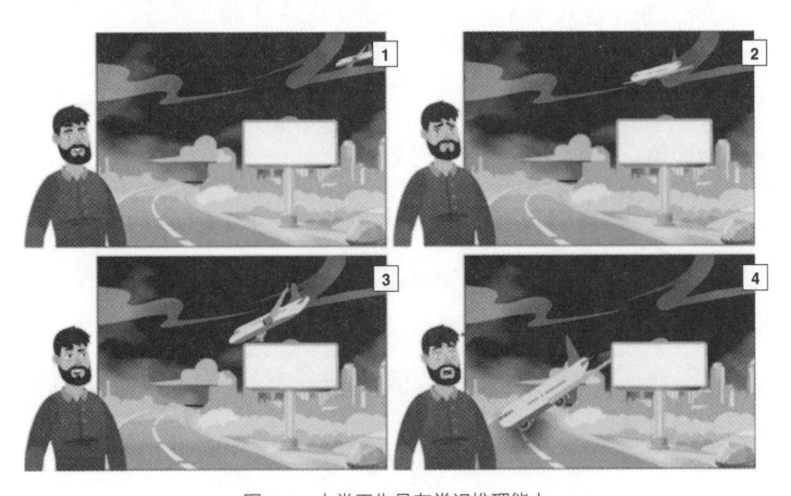

图 5-1　人类天生具有常识推理能力

认知复杂性：理解的边界

理解意味着能够将观察所得到的东西与头脑中已掌握的关系联系起来。我们之所以能够认识到力与加速度之间的比例关系或有机体随时间的指数增长，是因为我们已经在学校学过或通过经验掌握了相关的概念及其性质。

由于任何一个现象都是由大量因素共同影响产生的，当我们研究一个现象时，我们需要假设某些因素是主要的，而其他因素则是次要的（因而可以忽略），从而将问题进行简化。这种简化并没有一个固定的规则。例如，在许多情况下，不考虑摩擦可以使问题得到简化；但在有些情况下（如骑自行车），摩擦对现象的运动是至关重要的，不能忽视。

但有些现象（如气象、经济、社会等方面的现象）过于复杂，起关键影响的因素数量相当大，因此也就无法利用上面的方式进行简化。我们无法从理论上研究这些现象，不是因为我们不能理解这些现象的因果关系，而是因为发掘这些观察到的现象之间的关系涉及人类思维无法把握的内在复杂性。

众所周知，人类的思维受到认知复杂度（我们将其定义为掌握某种关系所需的时间）的限制。实验证明，我们的大脑能够关联的参数数量的上限大约是五个（一个关系与四个参数）。人类无法同时建立起大量操作单位之间的关系，这对我们理解世界是一个非常大的限制，这导致我们人类的思维并不具备理解复杂现象的能力，也限制了我们所能构建的理论与制造的工件的复杂性。现有的科学理论所涉及的独立变量和概念都比较少。以我个人的经验来看，复杂的理论很难掌握，也很难使用，如何检验它们的有效性往往也是一个难题。我们人类的运气非常好，物理学的基本规律是简单的，所以牛顿和爱因斯坦才有可能得出正确的规律。

现象是复杂的，而人类思维对复杂现象的认知具有局限性。在过去的科学中，人类通过简化构建了一种研究复杂现象的方式，但这种方式并不能解决所有的复杂现象的问题。正是在这些问题上，我相信人与计算机之间协作，可以在一定程度上帮助我们克服认知局限，建立起一种新的研究复杂现象的方式。我会在讨论机器生成知识的有效性后解释这些。

弱人工智能

活着的有机体和人类，可以被看作是与计算机具有某些相似之处的计算机器：它们都使用内存和语言。特别是硬件 / 软件与大脑 / 心灵的对应关系，值得我们关注。

但是，它们之间也有一些重要的区别。人类思维的计算具有"弹性"——它具有天生的适应机制，正是这种适应机制使得语言和概念的产生成为可能。

而计算机在计算速度和准确性方面却远远超过人类思维。因此在大量解决方案的检索问题或者大量数据的组合问题上，计算机往往能够超越人类。例如在国际象棋上，IBM（国际商业机器公司）的“深蓝”打败了人类顶级选手；在知识竞赛上，IBM 的“沃森”打败了人类的专家；甚至在复杂度高到天文数字的围棋上，谷歌公司的“阿尔法围棋”也打败了国际围棋大师。在这类问题中，人类被击败的事实使一些人开始相信计算机比人类“更聪明”。

我们有必要简单地介绍一下人工智能的演变。人工智能诞生于 20 世纪 50 年代中期，当时是信息学的一个分支，目的是“研究和设计智能的系统”。从 60 年代中期开始，人工智能的支持者开始鼓吹人类可以制造出与自己智能相媲美的机器，他们强调“在 20 年内，机器将能做到人可以做的任何工作”“在一代人之内……创造‘人工智能’的问题将得到实质性解决”。[2] 当然，由于种种原因，这些预言并没有实现。原因之一是人们对计算理论的局限性缺乏了解。而另一个更深刻的原因是，要想建造一台行为像人类的机器，我们必须先理解和分析人类智能的工作机制，而当时神经科学并没有强大到那种程度。

后来，人工智能研究的重点和范围在不断变化，研究的热度和资金也随之改变。这段时间有两段被称为“人工智能寒冬”的时期，分别是 20 世纪 70 年代初期和 80 年代后期。

但是，进入 21 世纪后，人们对人工智能的热情又重新被点燃起来，这主要归功于机器学习和数据分析方面取得的成就。随之而来的是人们对人工智能的重要性和影响，尤其是对自主系统和服务的发展前景，产生了一种“狂热的乐观情绪”。

许多人仍然认为，智能就是形成决策来解决复杂却定义明确的问题。他们相信，采用机器学习的方法，足以解决这类问题。

但我不认同这种观点。人类智能的特征是自主行为以及对内、外部环境变化的适应。这是人类大脑能够创造新知识，理解从未遇到过的情况，以及设定新目标的关键所在。目前机器学习并不能做到一点。只有当某一天，计算机系统能够自主执行大量任务，并且能够适应不断变化的环境时，我们才可以说人工智能和人类智能之间的差距正在消失。

图灵测试

为了判断一台计算机 A 是否和人类 B 一样聪明，艾伦·图灵提出了一个测试方法。测试过程包括：询问者 C 向 A 和 B 分别提出问题，然后 A 和 B 分别为每个问题提供相应的答案（见图 5–2），然后由询问者 C 比较 A 和 B 的答案。如果询问者 C 无法分辨出哪个是计算机，哪个是人类，那么可以得出结论，计算机和人同样聪明。

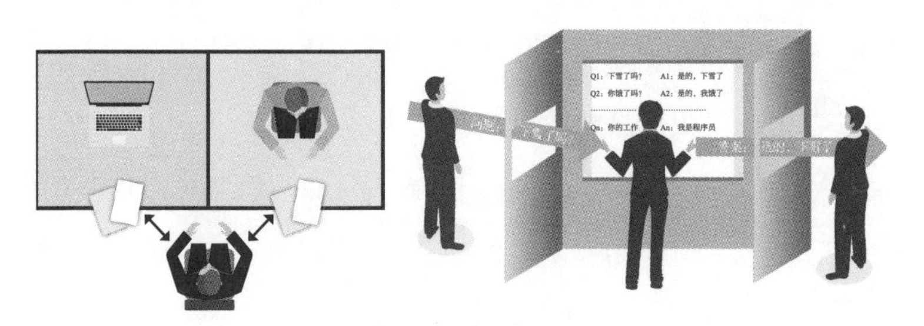

图 5–2　图灵测试和中文房间

哲学家约翰·罗杰斯·塞尔对图灵测试的相关性提出了质疑。他提出了一个“中文房间”的思想实验，实验的布置如图 5–2 右图所示：A 向一个封闭的房间发送一个中文问题，在房间里的 B（可能是人，也可能是计算机）并不懂中文，但却可以访问一个巨大的数据库，这个数据库包含所有可以用中文表达的问题以及它们相应的中文答案。这在理论上是可行的，因为中文的问题是有限的。当 B 收到一个问题时，B 将搜索数据库，找到相应的答案并将答案提供给 C。这个过程可以通过按字母顺序排列查找的方法来实现自动化。从外部来看，我们会误以为 B 真的可以理解中文，但实际却并非如此。通过这个思想实验，我们可以得出结论，即计算机可以通过操纵字符串做到即使并不理解问题含义，也能给出似乎理解了的答案。因此，图灵测试以及所有其他比较行为的测试在相关性上都不够准确。

关于图灵测试的另一个争论是，有一些特定的问题可能反而是人类无法回答的。例如，如果询问者问“π 小数点后面的第 100 位数字是多少”，计算机可以立即给出回答，而人类如果只靠智力是无法回答的。因此，在面对这类问题时，计算机远胜于人类。

请注意，我们是通过观察和研究行为来理解世界的。因此，在方法论上唯一适用的标准就是比较行为，但我们看到这种方式不能达到我们的目的。

然而，如果我们使用本体论标准，那么做出区分是可行的。即使不确切知道人类思维是什么，我们也可以肯定地说计算机不是思维，因为思维可以构建计算机，而在目前情况下，计算机却无法构建思维。

最后我想强调，智力的标准不能被简化为问答游戏；它应该是关于构建能够取代人类、在复杂环境中执行任务的系统。这是一个比图灵测试更有雄心的目标。关于方法论的问题我们将在本章第三节中（涉及自主系统）进一步讨论。

机器学习与科学知识

机器学习和数据分析领域的最新进展表明，机器正确地生成知识并做出预测是可能的。这些技术可以识别数据中的复杂关系，而这些关系可以显示出因果关系并进一步做出预测。

但这种方式得出的结论具有概率性，我们能说某个关系以多大概率是正确的，但却很难确定它是否正确。[3] 于是我们要问，人工神经网络生成的知识，其有效性有多大？我们在多大程度上能够信任它？回答这两个问题，我们需要比较一下科学知识的发展方式和机器学习产生知识的方式，看一看它们之间的关键差异。

我之前说过，科学方法能够促进知识的发展，从而让我们可以解释观察到的世界。科学发现是观察者经过学习的结果，他创建一个可以解释和预测现象的模型，进而形成一个理论。

而人工神经网络生成知识的方式则是对大规模数据进行长期

"学习"。通过学习代表因果关系的数据，神经网络可以用一种外推方法来估计某个原因最可能导致的结果。成功率取决于网络的"训练"程度，但我们不能确定这种"学习"到的反馈是否正确。此外，我们无法利用模型来准确地理解人工神经网络是如何工作的，这使我们无法估计错误响应的可能性。

图 5–3 显示了研究物理现象的科学方法（质量 m 的物体通过力 F 产生加速度 a）与人工神经网络学习认知的过程（如何识别猫或狗的图像）之间的差异。在这两种情况下，它们都有一个共同的目标：得出描述因果关系的输入–输出函数。在第一种情况下，它是给定力 F 与产生的加速度 a 之间的关系；而在后一种情况下，它是输入图像所描绘的内容，与"猫"或"狗"的判断之间的关系。在这两种情况下，一开始都有一个学习的阶段。

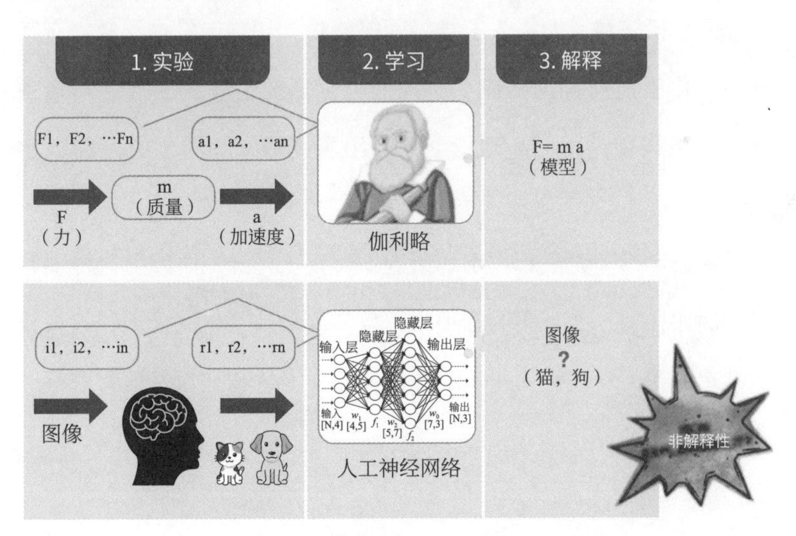

图 5–3　科学知识和机器学习知识产生的过程

在物理实验中，实验者（比如伽利略）通过把原因和结果联系起来而学习。他利用自己的抽象能力和创造力，假设因果之间存在一种比例关系。经过实验的验证，这个假设最终成了一条“定律”。我们可以将这条“定律”描述成数学模型，然后借助数学知识来检验它的有效性（见第 2 章“知识的类型及其有效性”小节）并了解其在极端情况下的表现。

类似地，机器学习一开始也需要有一个实验的过程，在这个实验过程中由实验者对图像进行标记。然后通过调整其参数来“训练”人工神经网络，使它能对其中的每个图像 i_n 做出正确的响应 r_n。与科学方法的不同之处在于，我们无法通过数学模型来描述人工神经网络的输入输出行为。例如在图 5–2 的例子中，如果要构建数学模型，我们就需要对猫和狗的概念进行形式化，但这几乎是不可能的。但是请注意，如果人工神经网络的输入和输出是物理量，对其做形式化就没有理论限制了。我们可以通过了解人工神经网络各部分的结构和行为，从理论上计算出表征输入和输出关系的数学函数。

在数学模型无法起作用的情况下，人工神经网络就显得特别有用。例如在图 5–2 下图的例子中，数学便没有了用武之地，因为我们不知道如何从理论上去定义图像的含义，这和把自然语言进行形式化一样困难。

一种新的知识：不需要理解就能预测

人类思维的本性限制了我们探索知识的能力，计算机能否帮助我们克服这种限制呢？答案显然是肯定的。我们可以利用计算机来克服认知复杂性的障碍，发展并验证能够解释复杂现象的新理论。

于是，我们有了一个生成新型科学知识的流程，其中的规律不是由人类思维设计的、明确表述的数学关系，而是使用计算机发现的、可能很复杂的关系。对这种关系的分析可能具有预测性，但由于不能通过明确的数学模型来描述，因此肯定会限制我们对现象更深入的理解。

因此在计算机的辅助下，我们有了一种新型的知识，它让我们无须借助数学分析进行理解，便可以做出预测。

人工智能和超级计算机的使用正在为人类知识的发展铺设一条新路。这是多年前我与一位地震学家朋友讨论时提出的论点。他告诉我，也许在不久的将来，谷歌在预测地震方面会比专家做得更好。我不知道这是否会成为现实。但我认为分析大数据的新技术，即使不了解复杂现象的本质，也可以提高预测这些现象的成功率。以地震为例，如果我们将某个地点的地震活动与全球的地震活动联系起来，也许我们可以在没有或几乎没有理论的情况下就做出正确的预测。

当然，我们必须权衡使用这些知识产生的影响。“云服务”正在成为人们面临复杂问题时的救命稻草。这究竟是好是坏？通过人工智能技术生成和使用知识，无须理解问题即做出预测，尤其是用它们来做关键决策……对此，我们是否应该谨慎对待呢？

超越弱人工智能：自治

自主系统

传统计算机与人类的区别在于，传统计算机会自动执行某些预定的功能，是一个自动化系统；而人类则具有自主行动的能力，也就是说，人可以对环境的变化做出反应，也可以在内部目标的驱动下主动采取行动。

而今天，人工智能的应用使我们向前迈出了重要的一步，即从自动化系统发展为自主系统。对于自主系统，我们期待它能够在复杂任务中取代人类，人们的目标是希望达到在没有人工干预的情况下，把人工智能与自动化的流程结合起来，从而实现更高的效率。在这个系统中，人的作用是设定和调整目标，而目标的实现则完全交给自主系统来完成。例如，在自动驾驶中，我们只需要输入目的地，自动驾驶系统就能帮我们把车开到相应的位置；在智能工厂或智能农场中，我们只需要输入生产指标，整个系统就能帮我们管理工厂 / 农场，从而完成生产指标。

在这一点上，我必须解释一下自动化系统和自主系统之间的区别。为此，我将按照设计难易的顺序来介绍五种不同的系统：恒温器、自动列车、下棋机器人、足球机器人和自动驾驶汽车（见图5-4）。

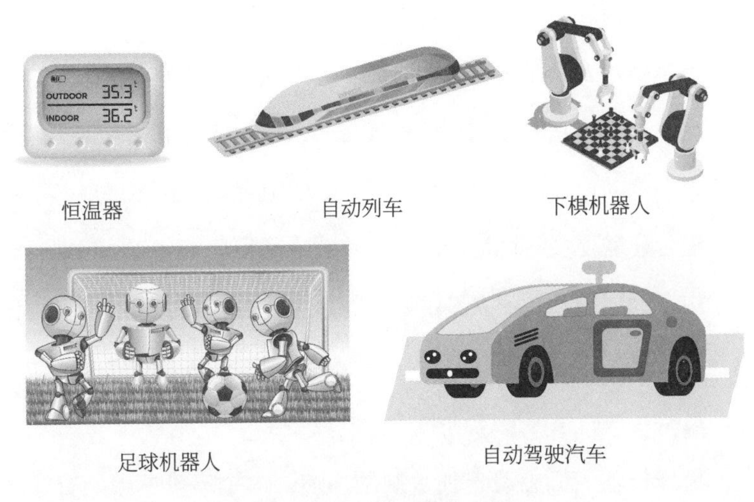

图 5-4　自动化系统和自主系统

首先，这些系统的共同点是它们都使用计算机来控制所处的环境，从而使它们的行为达到特定的目标。计算机通过传感器接收环境状态的信息并计算命令，然后将这些命令发送给执行器，执行器执行适当的操作以实现目标。

恒温器控制加热器的运行，将房间的温度保持在最大值和最小值之间。当传感器测量到环境温度达到最小值时，它会命令加热器开始工作；当环境温度达到最大值时，它就让加热器停止工作。

自动列车具有更复杂的控制系统。它能够使得列车在抵达不同站点的时候，按相应的加速度来控制列车停在预定的位置。这个系统要考虑列车沿途的传感器信号，这些信号能够确定列车的位置。设计这样一个系统，在原理上没有任何困难，需要特别考虑的只是如何加速和减速，以确保乘客的安全和舒适。

下棋机器人面对的环境相对简单，其状态由棋子在棋盘上的位置决定。但是，它的控制系统极其复杂，和前两个系统相比，这个系统无法提前设计。因为棋盘上有大量的组合，而且要想赢得游戏，每个组合还需要多计算几步可能的着数，这将是一个天文数字。因此，棋子的移动不能预先设定好，而是需要在每一步中动态地去计算。对于每个状态，机器人会利用已有的知识来计算动作（移动棋子）策略，从而获得最佳结果。

足球机器人面临着更加复杂的环境，这个环境是由所有球员的位置和速度确定的，与前一个例子的主要区别在于环境是动态变化的。因此，足球机器人必须能够监测环境的变化，以便实时做出反应。这意味着它必须及时准确地分析来自其摄像机的图像，以便尽可能忠实地反映球场的状态。此外，机器人的目标也并非固定的，而是要根据其在球场上的角色和位置进行动态计算。例如，有时候其目标是防守，而有时候则需要进攻。对于每个特定的目标，其系统都需要在一定的时间内计算出相应的战术，并考虑对手可能的反应。

自动驾驶汽车无疑是最复杂的系统。首先，物理环境是动态变化的，这不再限于一个球场或棋盘，而是一个开放的环境。其次，车辆的数量和周围障碍物的位置也在发生变化，系统需要适时地检测到它们。再次，系统对环境信息的获得，并不像实验环境那样一成不变，而是取决于地理状况以及可用的基础设施（交通管制传感器和设备、通信网络）。最后，每辆车都有一个极其复杂的控制系统，它使用一个多目标管理的计算机来制定策略，其首要考虑的目标就是安全，其次是舒适。当它选定一组兼容的目标后，计算机会算出相应的策略。

上述比较显示了自动化系统和自主系统之间的显著差异。自主系统在某种程度上显示出与人类相似的智能。恒温器和自动列车只是简单的自动化系统，因为它们有固定的目标，在规定好的环境下执行设定好的任务。另外三个系统的特点是自主性，因为它们具有类似于生物体的能力，它们在生成和管理知识时具有双重目的性：一方面，它们要“理解”外部环境；另一方面，它们要灵活地管理多个目标，并确定相应的行动来实现这些目标。

实现自主系统和服务是物联网的核心目标。如果这个目标实现了，那么我们将更有信心说，计算机智能可以起到比在游戏中击败人类更重要的作用。

自主系统的功能和组织的特征

根据上述比较，我提出一个自主系统的架构，它可以清楚地展示其中五个关键功能如何协同工作以实现自主性。类似的模型也可用于从理论上理解意识的基本心理功能是如何结合的（见第 6 章“意识的组成部分”小节）。

自主系统接受和处理来自内部环境和外部环境的信息并计算命令，执行器执行这些命令从而改变环境状态。例如，在图 5–5 中，系统是自动驾驶汽车的自动驾驶仪。此处的内部环境是指系统控制下车辆的方向和速度；外部环境，我们看到三辆车、一个行人和一处交通信号灯。系统处理有关内部和外部环境的信息，发出命令并执行操作。为了能及时实现自动驾驶的目标，这些操作必须在有限的时间内完成。

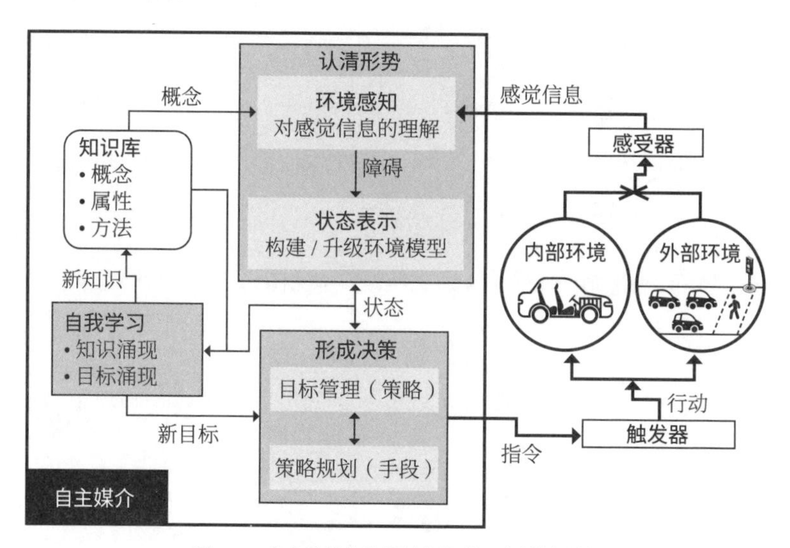

图 5–5　自主系统的体系结构及其五个关键功能

一个自主系统包括五个关键功能，其中两个是用来理解环境状况的（环境感知和状态表示），两个用于决策（目标管理和策略规划），另外一个赋予了系统自我学习的能力。

自主系统还配备有知识库，其中存储了对识别和管理感知信息特别有用的知识。知识首先包括与环境中的物体及其属性有关的概念以及决策方法。在自动驾驶的例子中，系统需要“汽车”、“行人”和“灯光”等概念来“理解”外部环境。每一个概念的存储库可能包含有关这个概念的特征属性的信息，以便系统能更好地进行预测，例如，它需要知道某一款汽车的最大速度和加速度。

环境感知功能从环境中接收感知信息（图像或别的信号），然后根据存储库中的概念，对这些信息进行分类。在上面的例子中，来自外部环境的感知信息包含三辆汽车、一个行人和一处交通信号灯，以及它们的位置和运动状态的相应信息；关于内部环境，感知信息涉及车辆的运动状态，例如速度和加速度。感知功能通常由人工神经网络来完成，这是目前唯一适合此目标的技术。

感知到的信息被传递给状态表示函数，这种函数的功能是建立一个系统外部和内部环境的模型。该模型具有表示环境的状态变量，例如障碍物的动力学属性和车辆的状态。模型根据受控车辆或其周围障碍物可能发生的状态变化来产生动作。为了尽可能及时地反映环境的动态变化，模型必须实时更新。

决策模块调用环境模型。决策模块有两种功能：目标管理和策略规划。

所谓目标管理，即从一组预先确定的目标中选择与环境模型的当前状态相匹配的兼容目标子集。目标管理也决定了我们所说的策略规划。系统的目标分为积极目标和消极目标。消极目标是要避开糟糕的情况，例如避免碰撞等安全目标。积极目标是要尽量达到理想条件，例如优化乘客舒适度、减少燃料消耗，以及顺畅地从一个地点移动到另一个地点。我们还可以区分短期目标（如安全目标）、中期目标（如操控车辆超车或驶过十字路口）和长期目标（如完成整个行程）。及时选择关键的目标对于自主系统来说至关重要，因为它非常复杂，要满足实时响应就需要有足够的计算时间。

策略规划功能可以对目标管理进行补充和完善。该功能决定了系统的策略。对于每组选定的目标，策略规划功能函数会计算出一系列命令给执行器，执行器执行相应的操作。就避免碰撞这个目标而言，策略规划功能必须充分考虑制动、加速度和方向盘角度等来控制车辆的速度和方向。对于汽车的每一类操作，系统都必须有适当的策略来控制。

最后，第五个关键功能是自我学习，对知识库里的知识进行管理和更新。知识的更新是通过创建新知识来完成的：（1）环境，例如，基于模型数据分析中积累的知识形成的新概念；（2）适应环境变化的新目标，或改变与目标选择相关的参数值。自我学习功能是人类自主的一个关键特征。一个从未在雪地上开过车的人，可以通过仔细测试各种策略并以风险最小化为目标来调整自己的行为。在现实中，系统的自我学习潜力仅限于参数优化，但不能创建全新的概念或目标。

请注意，系统的功能是有周期性的。循环从感知开始，然后更新环境模型的表示。接下来是决策，这时有可能会选择新的目标，或者继续执行上一个周期中未完成的策略。单个循环的持续时间必须足够短，才能实现一些短期目标（保证安全驾驶的反应时间通常在 1/10 秒数量级），而实现长期目标可能需要数百万个循环（到达目的地）。显然，在一个循环中选择新目标，必须与已经选择但尚未实现的目标相兼容。

上述架构将“自主”定义为：为了适应环境的变化，系统在没有人为干预的情况下实现一系列目标的能力。为了实现“自主”，需要将五个相互独立的功能——环境感知、状态表示、目标管理、策略规划和自我学习——结合起来。

这种定义让我们能够对自动化系统和自主系统做出一个区分。恒温器是一个自动化系统，因为它不需要五个关键功能中的任何一个。尽管自动列车使用感知功能来分析图像，但它主要还是一个自动化系统。而另外几个系统尽管复杂程度不同，但都是自主系统。

对于下棋机器人来说，环境感知和状态表示功能相对简单，因为环境及其可能的变化是缓慢且明确的。决策也是基于明确定义的规则做出来的。困难在于预测对手的战术并计算出成功的战术。

对于足球机器人来说，由于感知到的信息是动态的，它的环境感知和状态表示功能就复杂得多。它的策略也要考虑与同一球队中其他机器人合作时的动态变化。根据机器人在赛场上的位置，它的目标有时可能是进攻性的，有时是防御性的。通过球员之间的合作所形成的战术也是动态的。为了达到功能协调的目的，知识的使用就显得很重要，这些知识包括游戏规则以及通过学习对方球员，特别是对方的整个球队的特点而动态获得的知识。

最后，自动驾驶汽车是最难实现的系统之一，因为其环境非常复杂，需要管理多个目标并需要适时地适应环境。

我们应该信任自主系统吗

要实现物联网的愿景，开发可靠的自主系统至关重要。这既是一项科学挑战，也是一项技术挑战，同时还包含巨大的经济和政治竞争。这就是为什么所有主要的科技公司都在投资这个领域，尤其是自动驾驶汽车，因为有相当大的经济利益。参与这场竞争的公司包括谷歌及其子公司 Waymo、苹果、英特尔及其子公司 Mobileye、优步、阿里巴巴、华为、腾讯等，当然还包括所有主要的汽车制造商，其中特斯拉处于领先地位。

工业界采用的解决方案主要是依靠人工神经网络，因为传统计算机执行的算法技术无法有效地解决感知问题。

在这里我必须指出，在关键的自主系统中使用人工神经网络一直是个备受争议的问题，因为它可能存在严重的安全隐患。直到最近，关键系统的构建还必须基于科学知识和数学模型。当我们建造一座桥梁或设计一架飞机的自动驾驶系统时，使用数学模型可以让我们预测这些系统在各种场景中的表现，并且我们可以很有把握地说，使用它们是安全的，例如对于民航飞机，每小时飞行的非危险故障率通常低于 10^{-9}。需要强调的是，飞机的所有组件都是根据独立认证的机构制定的法规和标准开发的。同样，当顾客购买烤面包机或汽车轮胎时，权威机构已经根据理论和实验数据对产品进行了检验，并且可以保证，如果顾客使用的方法正确，那么就不会有生命危险。

而机器学习系统不是基于模型的，而是基于“积累的”经验知识。当然，我们可以通过实验来确定它们是否在正常工作。但即使大量的实验数据证明它的工作状态是完美的，我们也无法像用科学方法那样，信心十足地说它们将继续正常工作（见本章“机器学习与科学知识”小节）。独立组织使用的认证方法需要系统具备可解释性，但机器学习系统无法做到。

如今，为了避免停止使用神经网络的自主系统的发展，同时也为了保持国家在这一领域的领先，美国主管当局接受了制造商对产品进行“自我认证”后使用这些系统。这意味着是制造商——而不是独立的权威机构——来保证产品的安全，并在发生事故时承担全部责任。因此，如果汽车的自动驾驶系统出现故障，制造商必须赔偿所有损失并补偿受害者。

这一政策变化没有给制造商强加客观的安全标准，即允许每个制造商自由设定，这会带来严重的风险。人的生命简单地变成了一个方程的参数，而经济标准和技术标准在这些方程里反而显得更重要。在我看来，如果我们不能保证足够的安全性和可靠性，那么就应该限制自主系统的使用。

人工智能：威胁与挑战

我不想特意去讨论计算机和人工智能所带来的可能性。它们能为人类带来的好处可谓数不胜数，而且大家都耳熟能详了。媒体也经常讨论计算机和人工智能给我们的生活、工作和学习方式带来的根本变化。流程和服务的自动化为人们带来了效率的优势。在没有直接人工干预的情况下，我们便能以最佳方式对能源、电信和运输等部门的资源进行“实时”控制，从而实现规模经济和质量经济。

接下来，我想要深入讨论的是计算机和人工智能所带来的风险，这些风险有些是假想的，有些则是实际存在的。

假想的风险

最近，关于计算机“超智能”的神话越来越多。根据其中一个版本，计算机智能最终将超过人类智能，我们最终可能会成为机器的宠物。

史蒂芬·霍金、比尔·盖茨和埃隆·马斯克等人都支持这类观点。有些人受到雷蒙德·库茨魏尔的影响，认为技术奇点即将到来，当机器的计算能力超过人脑的计算能力时，技术奇点就会出现。[4]

显然，这些观点缺乏严肃性，是站不住脚的。再强大的机器也不足以战胜人类的智慧。但他们的这些想法在媒体中找到了滋生的温床，被不加批判地广泛传播，在很大程度上引起了公众的共鸣。我认为科学界应该对这种蒙昧主义和信口开河的混杂产物做出反应，并基于科学和技术标准，对人工智能的前景给出清醒的评估。

不幸的是，人们喜欢相信惊心动魄的故事以及想象中的危险。舆论很容易被假想的威胁（如外星人入侵或根据玛雅历法推算的世界末日）影响。相比之下，人们对通过冷静和理性的分析所发现的真正风险却置若罔闻，对其做出反应时常常为时已晚（例如，经济危机本可预见并提前做出防范，但最终却因为无所作为而导致经济崩溃）。

对于以上假想的风险，我引用著名科幻作家艾萨克·阿西莫夫提出的三条基本道理准则，机器人必须遵守：（1）不伤害人类；（2）服从人类；（3）保护自己。当然，我们使用的计算系统并不是科幻小说中的“邪恶机器人”。但没有人想过这些系统是否会违反上述任何一条（或所有）准则，并造成严重后果。当然，我们不能像科幻小说中写的那样，将这些后果归咎于机器人的恶意。

实际风险和挑战

人们都在热议计算机智能的假想风险，也许把真正的风险掩盖住了。而这些真正的风险才是问题所在，因为它们涉及社会组织的类型及其所服务的关系，特别是社会和政治性质的问题。

失业

很久以前人们就发现，自动化程度不断提高带来的一个风险是，机器人使用越普遍的行业失业率越高。因此，我们会看到农业和工业等部门，以及可以被自动化替代的服务部门的工作岗位数量在逐渐减少。而需要创造力的职业（如系统编程和设计），或者虽然不需要特殊资质但不易被系统化的职业（如邮件分发）仍然会有工作机会。除了引发高失业率之外，自动化的趋势还会进一步扩大需要技能和知识的高薪工作与其他体力劳动之间的差距。

当然，有些人认为，传统工作岗位的消失会被新需求所创造的岗位抵消。我认为，除非对职业结构进行彻底改革，否则失业和工资差距的问题将会恶化。我不会进一步讨论这个问题。

防护、安全和风险管理

当自动化集成程度超过某个水平时，信息系统如果缺乏安全保护可能是极其危险的。众所周知，即使对那些最重要的系统，人们也无法做到全面保护它们不遭受网络攻击，我们充其量只能希望及时发现入侵者。不幸的是，由于技术和其他原因，计算机系统在可预见的未来仍然极易受到攻击。这意味着我们不能排除灾难的发生，特别是国家之间出现紧张局势所引发的灾难。今天，网络战已经不再是由个人黑客发动，而是由组织良好的企业甚至国家发动。

一个相关的安全风险是，系统的解决方案往往相互依赖，这些解决方案一般是由越来越复杂的技术基础设施提供的，就像金字塔一样，以一种经验的方式堆叠起来。大家都知道，对于一些用旧的编程语言（如 Fortran）编写的复杂软件，我们是无法更改的。不幸的是，大型计算机系统并不像机电系统那样以模块化方式构建。想要在不破坏大型计算机系统功能的前提下分离出它们的某些组件，并用同等甚至更好的组件进行替换，不是一件容易的事。这种变动所面临的风险难以评估。

这种替换和改进的困难使我们不得不依赖某些初始的选择，这是一种束缚。例如，如果你要把交通规则从靠右行驶改为靠左行驶，那么所面临的成本和风险将是巨大的。目前的互联网协议在安全性和反应性方面都不具备我们所期望的特性，然而由于当初的选择，我们只能继续使用这些协议。

我已经在讨论中指出，在引入人工智能和自主系统的领域，其风险管理与在其他领域有显著的差异。在这些领域中，不再有独立的国家机构来保证和控制系统的质量及安全。这个责任转移给了制造商。其中的风险是显而易见的，因为用户的安全级别将不再由透明的技术标准决定，而是由制造成本和能够覆盖事故赔偿金的保险成本之间的最佳平衡值来决定。

不幸的是，目前被大量采用的信息和电信技术被看作是理所当然。没有人问我们应该开发什么样的技术，为什么要开发，或者如何以最合适的方式使用现有的技术，也没有关于这些技术对经济、社会和政治会产生什么影响的公开辩论。

各国政府和国际组织明显是缺席和不作为的。他们好像认为技术进步本身就是目的。他们很少关心互联网上发生的违法行为。他们认为风险不可避免，因此干脆对其放任自流，就好像进步一定会带来某些不可避免和无法控制的弊病一样。

大型科技公司的宣传口号也显得十分愚蠢，例如“科技向善”或“科技守护安全”。谷歌、推特和脸书都有响亮的口号，例如“不作恶”、“帮助提升公众交流的集体健康、开放和文明程度”，以及“赋予人们建立社区的权利，让世界更紧密地联系在一起”。当然，如果期望这些公司关心创新和技术革命所带来的社会问题，那就太天真了。

因此，公众舆论仍然处于混乱迷失状态，而且在一定程度上被那些既不负责也不客观的声音操纵了。一些人夸大了风险，而另一些人则为了推广技术应用而淡化风险。公众却乐于接受错误的思想，并随波逐流。

那些对经济和社会组织顺畅运作至关重要的流程和服务，其自动化程度越来越高，但与此同时也导致对网络控制的决策越来越集中化。这个问题本质上是政治问题：决策的民主控制才是合理、安全地使用基础设施和服务的关键。

技术依赖

技术的应用解决了人们的许多实际问题并使生活变得更舒适，但这也意味着我们丧失了某些解决问题的技能。例如，今天很少有人知道如何使用摩擦生火，这是史前人类掌握的基本生存技能。今天的人们也不知道如何在野外生存或建造小屋来保护自己。直到20世纪（包括20世纪）乘法口诀表一直是儿童数学教育的基础，然而在未来，孩子们也许不再需要背诵它了。担心人们过度依赖技术并非杞人忧天。因为现在技术不仅是解决单个问题，而且为人们提供了全面的解决方案。这意味着我们正在过渡到一种新的生活方式——技术提供大量的服务，减轻了我们管理决策的负担。在这种生活方式中，有越来越多的技能/知识不再是我们必须掌握的了。那么，哪些基本技能/知识是我们必须掌握的呢?

为了解释其中的风险，有些人引用了“温水煮青蛙”的寓言。[5] 如果我们突然提高水温，青蛙就会从锅里跳出来。然而，如果我们逐渐提高水温，青蛙最初会感觉很舒服，并会一直待在锅里直到死去。

目前，社交媒体的用户愿意提供他们的个人数据，以换取更高质量的服务。然而这却是控制舆论的重要基础。每个人的个人喜好和信息对他们来说当然没有商业价值。然而，对非常大的数据集进行深入分析得出的结果，不仅对资源和系统的可预测性与控制性来说至关重要，而且对于市场和群体行为的可预测性与控制性也非常关键。可能我们还不理解这些信息的重要性，因为这些信息仍然是秘密，只掌握在那些当权者和愿意为此付费的人手中。

我发现个人自由面临两种威胁。

第一种威胁是侵犯隐私权，它常常打着为了保护社会免受恐怖主义或犯罪行为侵害的旗号。有许多计划是通过开发特定的技术解决方案来增加对个人的监控。例如征信系统（为了利用个人信誉建立征信，它允许用户在在线社区中相互评分）。[6] 利用这样的系统，有人就可以通过武断的程序和标准来污蔑或排斥其他公民。毋庸置疑，对于这些侵犯隐私的工具的使用，有必要建立一个监管框架。

第二种威胁来自自主系统和服务的广泛使用，而这往往会打着提高效率的旗号。普及自主系统和服务的愿景正在通过物联网得到推广。这个愿景的构想是在没有人为干预的情况下实现关键资源和基础设施管理的自动化。其中的决策标准可能非常复杂，以至于超出了人类理解和控制的范围。因此，我们可能会形成一个技术专制的系统，尤其是因为自动化使决策越来越集中。因此，真正的风险是计算机生成的知识被不受控制地用于决策，并在关键流程中取代人类。

正确、合理地使用人工智能和自主系统取决于以下两个因素。

第一，根据客观标准评估我们是否可以信任计算机生成的知识。这是目前正在研究的课题——希望这些研究能够给我们提供一个答案。我们正在尝试开发“可解释的”人工智能，让我们能够理解并在某种程度上控制系统的行为。此外，我们需要一种评估知识的新方法，来弥合科学知识与人工智能经验知识之间的差距。

第二，全社会的警惕性和政治责任感。当使用计算机生成的知识做出关键决策时，我们必须确保这些知识是安全的和中立的。自主系统的安全性必须得到独立机构的认证，而不是留给开发它们的人。在这方面，立法并建立监管框架，以及让机构参与风险管理可能会起到一定的作用。我们将在后面的章节（见第 6 章“安全与自由”小节）讨论这些问题。

Part 3

意识与社会

在本部分，我们试图从先前提到过的认知论的角度来分析个人意识的功能，并讨论其对社会组织的影响。

- 我们将意识的功能看作一个自主系统，它根据价值标准和积累的知识来管理短期目标与长期目标。
- 我们讨论了在社会中如何形成价值观，以及每个人的主观体验的构成是如何呈现出客观维度的，这种维度可以作为一种社会现象来研究。
- 我们分析了制度在塑造和维持共同价值观，以及加强社会凝聚力方面的作用，还讨论了民主的原则。

第 6 章

意识

我们的“大爆炸”：语言和意识

语言和知识边界

在我们面临的所有看似无法克服的问题中，有一个问题是最突出也是最重要的：认知和语言是如何通过进化出现的？意识是怎么形成的？与这个问题相比，关于宇宙起源或物种进化的问题显得微不足道。遗憾的是，迄今为止，各个学科（生物学、心理学、信息学、语言学、人类学等等）对这个问题的碎片化研究还是没有真正触及问题的核心。

抽象概念是如何通过经验创造出来的？我们是如何通过把现象与类比和隐喻联系起来，从而理解事物的？知识和对世界的理解边界是如何划分的？我们是如何为符号赋予意义的？我们是如何进行创造的？作为一个结合了愿望、动机和意志的系统，意识是如何发挥作用的？我们如何选择目标并采取行动？

现在，有许多重大的研究项目在研究人脑的功能。我不怀疑这类研究的重要性，它可以让我们得到很多关于大脑这个“处理器”的有用信息。但由于这些研究的性质，我不认为它们能够回答我所关心的这些问题。对心理现象的研究应当在不同的尺度上进行，这不仅仅是分析大脑信号或神经回路的事情。

许多人会说，这些问题或许只能由哲学家来研究了，严格的科学方法可能回答不了，甚至方向可能都是错误的。我并不赞同这样的说法。要下这样的断言，必须先说清楚科学方法到底是什么以及它的局限性是什么，但这正是我们提出的问题的一部分。

在过去，许多原本是哲学研究的主题，例如心理相关的问题，现在都进入了科学分析的领域。心理现象被看作物理现象的一种补充，它们是现实的另一面。通过科学的方法来理解这些问题是值得的，也是势在必行的。完成这样的事业需要跨学科的广泛合作，信息学、生物学和医学等学科在对心理现象的研究中可能会起到决定性的作用。

我希望在未来，社会投入到意识研究中的人力和资金能像投入到空间探索项目中的一样多。我们要明白，正是意识赋予了世界以意义，正是意识推动了人类的一切行动和创造力。或许有一天，我们能够洞悉“意识大爆炸”的奥秘，构建起关于意识的理论，这些理论将让我们一窥尚未探索的自我，并让我们能够在更奇妙的维度上对自我有一个全新的认知。

另一方面，为了深入研究自然语言的概念和关系，我们能在多大程度上将其形式化呢？尽管数学和逻辑学已经取得了一些进步，但这仍然是一个悬而未决的问题。形式化需要一套独立的核心概念，所有其他概念都由此衍生而来。当概念不独立时，它们应该通过语义关系联系起来，就像已经形式化的语言那样。使自然语言形式化变得非常困难的原因是缺乏足够的语义模型，就像我们在第 5 章“常识智能”小节中讨论的那样。

人类的一个主要优势在于，我们的自然语言是离散的——短语由单词组成，单词由音节组成。如果语言不是离散的，而是连续的，我们会如何理解这个世界？如果我们像鸟儿一样用口哨说话，那会是怎样一种景象？这里需要说明，我指的不是那种著名的口哨语言，它只是简单地把离散的自然语言翻译成哨音而已；我指的是语言中的每个概念或短语都是哨音，语言就是一段连续的哨声。在我看来，这将严重限制我们理解和表达的能力，因为理解这种语言完全取决于我们的听力和发声的能力，即我们可以感知和发出的声谱的频率间隔。如果是这样，我甚至无法想象我们将如何定义数学和算法。算法可以是从一个连续信号到另一个连续信号的转换吗？我相信从连续到离散的过渡与有意识思维的发展密不可分。

心智和大脑的关系

另一个有趣的问题是心智和大脑的关系。我们只通过研究大脑就可以理解所有的心理过程吗？我对这个问题持否定态度。我做一个类比，假设你的计算机正计算一个数学函数，而工程师可以观察到计算过程中所有电路的状态变化。那么，单凭观察是否就能确定计算机执行的是哪个函数？即使抛开技术上是否可行，答案也是极其困难。我相信，如果仅仅将大脑当作一个物理和信息处理系统来研究，我们将无法理解心理功能（见第3章关于涌现属性的讨论）。

我们目前拥有的技术可以把大脑中的概念用特定的电信号显示出来。一个有趣的问题是，对于每一个个体来讲，数据的表示和组织方式是否都相同呢？它是否取决于我们说的是什么语言？最近用计算机进行的“心灵感应”实验（脑机交互）表明，概念在大脑中有一个规范的表示。换句话说，无论使用何种语言，相同的概念都会通过相同的信号和状态（模式）组合来表示。如果是这样，那些认为我们人类是随机进化而来的人就应该注意了。这意味着，尽管我们说的语言不同，但在概念的表示上却有着共同的起源。如果实验证明，“门”“窗”等概念——或者更抽象一些的概念如“自由”——无论用何种语言表达，在大脑中都有共同的表示特征，那么这将是一个非常有趣的结果。它甚至可以解释语系是否存在的问题。人们认为，曾经存在一种原始的印欧语言，这种语言曾在某个地区发展，然后传遍几乎整个欧亚大陆，并且在传播的同时出现了分化。这个理论对我来说并没有那么令人信服。通过概念在大脑中有共同表征的研究，我们或许可以有别的方案来解释语系的问题。

心智也是一种计算系统

我以一位计算机科学家和工程师的身份来写本节，主要讲我近年来一直在研究的自主系统模型和与之有关的想法。我不是研究心智方面的专家，因此我对自己的观点的“科学真实性”无法做任何保证。它更像是一个关于人类思维如何作为一个信息系统而发挥作用的猜想，当然，这种猜想是根据我的知识以及我所阅读过的心理学家、神经科学家和哲学家的相关著作得来的。我想强调的是，这些著作包含的观点相当宽泛，但它们有一个共同的特点，那就是概念缺乏组织以及概念之间缺少联系。作为一名读者，我发现有用的内容实际上很少。

因此我试图构建一个架构，在这个架构中，意识的各种元素以一种技术上可行的方式发挥作用。它更注重决定信息和知识流动的概念之间的关系，而不考虑模型是否能够准确地预测即将发生什么。

我曾经谈到过，科学知识不过是一套“神话”，只是这些“神话”经过了系统的实验验证并在实践中得到检验。这些“神话”让飞机飞了起来，让桥梁和建筑物保持矗立，让夜幕降临后依然灯火辉煌。然而，在我们可以观察和理解的范围内，它们只是物理现实的一个不那么精确的近似而已。

价值体系和监管框架

大脑有做选择的自由。但我们要问，它是根据哪些机制和标准来做的选择？在资源有限、需求（包括物质需求和精神需求）众多的情况下，依据这些机制和标准，又是如何做出选择的呢？

想理解这些机制，一种简单的方法就是确定一个通用的标准。

我们假设，每个人都有一个价值体系，这个价值体系中有一个价值尺度，可以用它来衡量每个行动在执行时所需的价值单位，以及可能产生的价值单位。当然，有时候使用数值表示看起来可能会比较奇怪，例如我如何衡量饥饿感的强度呢？但人类的任何一种行为都有一个“价值平衡”，例如我花 10 元钱买块面包就可以将这种饥饿感“归零”。所以如果我们建立起一个等价关系以及单元体系，便可以将意识中的各种标准关联起来，将各种需求进行相互比较，并将它们与所需的资源进行匹配。

同样，不仅仅是个人，我认为在一定的地区和时间范围内，一个社会组织也有一个共同的价值体系。这个价值体系是其组成部分个体价值体系的“综合”，它会用共同的价值尺度来评估每个人的行为，进而对这些行为进行强化 / 奖赏或弱化 / 惩罚，从而在实现个体价值的同时，社会组织也得到有益的发展。

当然共同的价值尺度会随着行为所在领域而变化。因此，经济、政治、法律、教育、军事、道德、知识、宗教和美学等领域的价值尺度并不相同。例如，经济价值体系的重点是货币价值，对货币价值进行监管则有助于商品和服务的有序生产、交换和使用。在这种情况下的激励机制就是产生利润。政治价值鼓励良好的治理，即为社会繁荣和安全做出及时和关键的决策。法律价值的作用是通过惩罚来杜绝违法行为，从而达到伸张正义的目的。教育价值（如卓越、对学习和创造的热情）的作用在于促进知识的传播，并培养能够融入社会并为社会做出贡献的公民。军事价值则培养了一种时刻备战以及自我牺牲的精神，以维护国家安全。道德价值规定了我们的行为中什么是好的。知识价值促使我们获取健全的知识和信息。宗教价值旨在通过一套规则和相应的实践来加强人与神的关系。最后，美学价值则为美好的或令人愉悦的事物设定了标准，如艺术品、美好的环境或快乐的体验。上面所列的内容并不详尽，只是为了解释所介绍的概念，起一个抛砖引玉的作用。

我假设我们的每个行为所消耗和产生的价值都由价值尺度关联起来。正值意味着利润、认可、满意，例如我通过了考试或赚到了钱；负值则意味着金钱损失、处罚或耻辱，例如我因为违反交通规则而被捕或我看到动物被虐待。

有些行为是被禁止的，其负值具有较强的威慑效果，例如刑事犯罪（如杀人、抢劫）会受到法律严惩，鲁莽消费会导致负债累累。

价值尺度还规定了我们必须遵守的行为——如果不做，会让人付出高昂的价值成本。因此从法律和道德上，每个人都有义务去帮助处于危险中的人，以及遵守交通规则等。

请注意，禁止和义务不是孤立的概念：禁止可以表示为“有义务不做”。因此，我们可以说“禁止不遵守交通规则”。然而，在实践中，为了清楚起见，我们同时使用这两个概念。

非强制性或非禁止的行为是可选的。这些行为涉及一种互惠关系。是否做出这些行为的标准是，行为的后果是否被认为是有利的。可选择的行为划定了个人自由的边界，在这个边界中，那些能够实现共同利益和社会繁荣的行为则构成了社会良知。

这里应该指出——稍后我会进一步阐明——考虑到资源（时间、金钱、物质和无形资源）的异质性，对一个人来说，要决定什么对自己有利以及什么对自己不利并不是一件简单的事情。在采取某种行动时，我可能会用金钱来换取时间或社会认可，而这些东西实际上是无法量化的。

此外，一个行为还会在多个领域产生影响。经济行为不仅会产生经济后果，还会产生社会影响和道德影响。另一方面，出于道德动机的行为，例如慈善行为也会产生经济影响。

虽然各个领域的值没有可比性，但当我们做出选择时，无论是有意识的还是自动的，我们都在使用一种等价关系。例如，当你决定支付 200 元购买一双鞋子时，你不但会考虑自己的经济能力，还会考虑与穿鞋无关的其他价值，如审美价值和社会价值。

通常，促进非物质（如道路安全或爱国主义等）的价值观，一种方法就是鼓励相应的行动，或采用强制性或禁止性的监管框架。交通规则通过法律的形式来保障道路安全；靠右行驶或限制超速，可以提高驾驶安全。因此，不需要向公众抽象地解释道路安全的重要价值，通过交通规则体系便构建起了这个价值体系。同样，这也是为什么社会组织的价值体系通常是由监管体系来实现的。这样的例子在每个领域都数不胜数。如果美德被认为是一种至高无上的道德价值，那么道德规则便通过禁止或鼓励某些行为（如鼓励慈善或互助）来帮助你变得有道德。在教育方面，也有鼓励和认可优秀人才的规则，例如优秀的学生可以获得奖学金，可以在毕业典礼上致辞或享有其他优待。以上说明了社会组织监管框架的重要性，对此，我们将在第 7 章中做进一步的讨论。

为了研究个人的行为，我假设每个人都有一套个人价值体系，该价值体系在很大程度上反映了共同价值体系的价值，尤其是那些我们难以计量成本却又不能忽视的价值，例如财务或法律领域的价值。个人价值体系还包括与个人行为有关的价值规则，例如在道德、宗教或美学领域的规则。

意识的组成部分

要给“意识”下定义并不容易，因为这个概念相当复杂，对意识的研究还很粗浅。我先从一个简单的定义开始（本章后面会详细介绍）：意识是人类理解世界并对内部和外部刺激做出响应的能力。意识表现为思想与环境之间的互动和博弈。一方面，大脑制订计划并执行行动以满足个人物质和非物质的需求；另一方面，环境决定了行使个人自由的经济、社会和物质条件。

在这场博弈中，个人的价值尺度在行使自由选择和实现个人目标方面起着核心作用。

我并不是要准确地解释什么是意识以及它是如何工作的。我的目的是尽可能简单地定义一个信息系统——我称之为心理系统——的架构，它的行为接近于有意识地思考。我之所以使用“接近于”一词，是因为我关注的是与决策有关的问题，而忽略了其他可能更重要的问题，例如自我学习、自我意识，以及意识和潜意识之间的合作。

我假设心理系统是一个自主系统（见图 6-1），类似于在第 5 章“自主系统的功能和组织的特征”小节中所描述的那样，但考虑到人类的特殊性，我对这个自主系统适当做了一些补充。

心理系统通过获取感官信息以及执行动作来与外部环境进行交互。就人类而言，外部环境是指整个外部现象的整体，包括物理环境和社会环境。内部环境则指拥有感觉器官、运动器官和语言器官的身体。正如我已经解释过的，大脑利用感知和表示功能在内部建立了一个环境模型。

人类的一个特点是自我学习的能力。人类可以创造新的目标

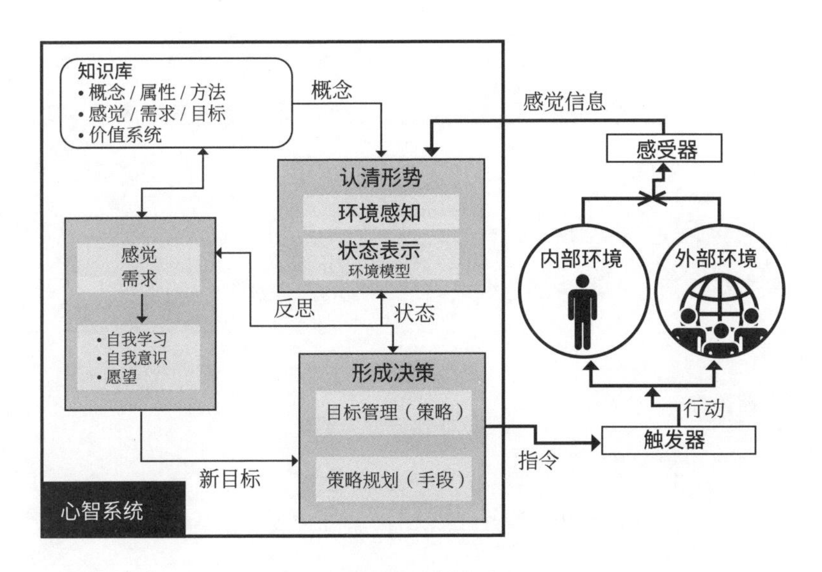

图 6-1　心理系统架构及其关键功能

来满足各种物质的和非物质的需求。这种适应机制是基于内省的能力，即解释环境模型的状态并产生感觉，对此，我将在接下来的部分展开讨论。目前，我们可以说感觉是一种心理状态，它与情绪相伴，与需求直接相关。当感觉的强度超过某个阈值时，我们的内心就会产生去设定适当的目标以满足需求的意愿，并由决策功能进行管理。目标是由个人价值尺度、环境状况以及积累的有关环境的知识（它们以普遍规则的形式表现出来）确定的。

心理系统架构由三个部分组成：（1）理解与建立环境模型；（2）产生需求以及为满足需求而设定相关目标的意愿；（3）目标管理、规划和实现的决策。

最后我要指出，柏拉图也对人类灵魂的三个关键部分做了区分，即食欲部分、精神部分和理性部分。它们与心理系统架构模型的功能具有很大的相似之处：一个人所有的欲望，正如他与环境互动所表达的那样，都来自食欲部分；考虑一系列价值来满足需求的意愿，来自精神部分；理性部分涉及其他部分的协调和知识的管理。

心理系统

感知和需要

我不会对“感知”这个概念做精确的定义，因为哪怕是在专家之间也还没有达成一个共识。简单来说，感知是一种主观的意识体验，它是心理状态和身心反应的综合。我们的大脑通过内省的过程，创造了描述感知强度的心理状态。

作为一种心理状态，感知有强弱之分，而且带有“标志”。一般来说，当一种感知满足了从生存到舒适的所有生活质量标准时，它就是令人愉悦的。这些标准是主观的，但也会受到客观因素的影响。因此，出于某种原因，即使温度不低，我也可能会感到寒冷。在相同的环境条件下，不同的人的感知强度也是不同的。

一个有趣分类是被动感知和主动感知。

被动感知是那些不会促使我们做出反应的感觉。它们源于我们正在经历的某种情况，在这种情况下不会引起人的其他感受。这些感觉包括恐惧、悲伤、羞耻和痛苦等。例如，恐惧源于我们对所处环境危险性的评估，这可以通过对环境状态的合理分析来客观地判断。如果我们感受到恐惧被夸大了，这便是恐惧症。乘飞机旅行虽然存在风险，但根据技术标准，这种风险是很小的。如果乘客以为远离地面飞行很危险而战战兢兢，这便是恐惧症。与之相反，如果我们总是无所畏惧，很有可能意味着我们低估了风险。例如在没有采取必要的预防措施的情况下进行极限运动，或者毫无节制地花钱，使得手头资金严重低于基本生存所需的限度。

主动感知指的是警觉或精神刺激的状态，例如热情、激动、兴趣、狂喜和责任感等。以责任感为例，它意味着时刻保持警惕，随时都在权衡我们行为的利弊，并考虑其行为可能产生的后果。负责任不仅意味着按照一定的标准做正确的事，还意味着为了取得最佳结果，在行动中保持必要的谨慎。禁止孩子做不该做的事情很容易，但更负责任的做法是通过对话说服他们做正确的事情。一个不负责任的人会对他行为的结果采取过分乐观的态度，这可能会导致危险。负责任的人则将尽可能地利用他们的知识和客观标准来评估风险。它们会针对各种维度的标准进行分析，来证明他们的行为是正确的。负责任的人对风险的态度是理性的。英雄主义（英雄作为一个尽职尽责的人能够克服恐惧）是一个有趣的例子。英雄无视恐惧不是因为他们没有正确权衡风险，而是因为他们被责任感驱使，有意识地采取危险的行动，去捍卫那些高于自身安全的价值。

感知与需求的满足有关，这些需求包括生理需求、安全需求、社会需求、尊重和自我实现需求、智力需求。生理需求通过口渴、饥饿、困倦、疲劳和其他反映生理需要的感觉来表达。安全需求与工作关系的稳定性、充足的经济来源、生活条件、社会保障等有关。如果这些条件得不到满足，就会产生如恐惧或焦虑不安等感受，这些感受源自我们对自身所面临的风险的评估（基于环境模型的当前状态以及我们从以前的经验中获得的知识）。社会需求的满足表现为稳定而和谐的友好关系、家庭关系所产生的积极情感。如果不能满足这些需求，就会导致一种被拒绝和被遗弃的感觉。自尊和自我实现需求是通过积极的感觉来表达的，例如自信、专业上的认可，以及由于在等级制度中的地位而产生的优越感。最后，智力需求以非物质价值为基础，通过同情、团结、节制和诚实等表达出来。专家们建议对感觉和相关情绪进行详细的分类。我对此事当然没有资格发表意见。上面所列的内容并不详尽，只是为了抛砖引玉。

感知如何与需求相关联呢？假设每种感知都与一种需求相关，当相关感知的强度超过某个阈值时，需求就会产生。按照惯例，正值表示满足，负值表示相反的感受，而 0 表示无所谓。通过评估环境状态，我们会产生愉快的感觉（正值）、不愉快的感觉（负值），或者是无所谓的感觉（零值）。例如，我可以使用 +5 到−5 之间的值表来表示饥饿感的强度，−5 表示我绝对满足，+5 表示我绝对需要食物，0 表示无所谓的状态。当然，每个人都有自己的忍耐限度。

个人价值尺度上的情感强度在行动和目标的选择上起着重要

作用。

对于每一种感受，都有一个最佳值，我称之为平衡点。它是消极情绪最弱的状态，也是积极情绪最强的状态。因此，我们可以想象，头脑选择执行的动作，都是为了接近所有感觉的平衡点。但是这样的状态很难达到。因为当我试图改变一种感觉的强度时，例如将饥饿感恢复到0（平衡点），那么我可能会破坏其他感觉的强度（状态值）。

我说过，当一种感觉的值超过价值尺度上的某些阈值时，就会产生需求。例如，如果饥饿感的强度超过临界值，系统就会询问你是否需要满足这种需求以及如何选择适当的目标来满足这种需求。换句话说，目标与满足条件的模型状态的可达性（在本例中是获得食物的途径）有关。需求和目标之间的对应关系是通过自我学习功能（基于经验）发展起来的知识。也就是说，我从经验中知道如果感觉到饥饿，我如何以及在哪里可以找到食物。目标是由心理系统的决策功能来选择的。下面我们就将讨论这个问题。

心理系统的状态和行为

心理系统有自己的状态和行为，正如我们在第4章“系统中的冲突和资源”小节中描述过的那样。它有一个非常大的状态集，这个状态集由三种类型的变量来确定。

1. 外部变量描述外部环境的状态。对于物理环境，变量包括时间、地点、天气和环境条件（如温度、污染和噪声）等。经济环境的特征由一组变量来描述，这些变量包括收入、债务、税收，以及其他更一般的变量，例如利率水平或房地产价格等。这些变量对个人财务状况的评估具有特殊影响，人们根据评估的结果采取经济行动。其他还有如教育、健康和安全等各种类型的社会服务决策的变量，如医药开销、住院费用，以及社会福利水平等。

2. 内部环境的变量根据温度、心率和血压等生理参数来表征我们身体的状态。

3. 该模型还为每种类型的感知提供了一个变量，这些变量使用相应价值体系的值来描述它的强度。

此外，心理系统还具有两种类型的行为。

1. 由心理系统控制的行为，在满足前提条件的情况下心理系统可以决定是否执行，例如取钱、旅行、购物等。

2. 心理系统无法控制的、由于他人或自然原因产生的行为。外部因素造成的行为，如截止日期临近或天气变化，都可以改变心理系统的状态。还有一些内部发生的不可控的行为，这些行为是由内部机制自动执行的，并最终会导致如饥饿、口渴等感觉。

当我们在某个状态下执行一个可控的行为时，心理系统会转换到一个新的状态，并根据行为创造或消耗的价值量来改变状态的变量，这是由个体的价值尺度确定的。正如我们说过的，这种行为不能忽视共同的价值尺度，特别是在外部环境变量的变化方面。

就像在第 4 章“系统中的冲突和资源”小节中谈到过的那样，

一个行为是由其在执行时的模型状态（这是前提条件）以及执行后的结果来确定的。

1. 在某个状态下执行一个行为的前提条件是，该状态必须达到某个定性或定量的要求。定量的条件与按一定的价值尺度计量的资源数量或无形资源的可用性有关，行为可被执行的前提是提交或消耗资源。例如，购物的先决条件是有足够的可用资金，玩跳伞的前提是有良好的身体和精神状态并克服恐惧。定性的条件是要先判定系统的状态，成立或不成立。例如，为了阅读电子邮件，你必须拥有电子设备并且能够访问网络。

2. 行为造成的结果是改变了状态变量的值（特别是通过消耗和创造这两种形式），从当前状态转变到新状态。例如，我在做烤意面时要使用资源，即基本食材和能源，最终我做出了 10 份烤意面；当睡觉时，我会消耗“活跃”的时间但却让自己得到了休息。

不论可控的行为，还是不可控的行为，都会影响我们的心理状态。这是因为，通过我们的感官，有关变化的信息（如室温、银行利率和容积率）都会影响到我们的感受，就像对供暖是否满意会让我们产生乐观或沮丧的情绪一样。

推而广之，源于利他感觉的行为也可以改变外部变量。帮助受伤的或处境不利的人是一种增加自尊的行为，但也会产生互动，因此会改变外部世界。

思考当我们产生一个行为时，物质价值和非物质价值之间的联系，是一件很有趣的事。例如在餐厅吃午饭，需要的前提条件是“有餐厅”“有必要的资金”“饥饿感超过一定的值”等。用餐结束后，我仍然会待在餐厅，可用的资金变少了（取决于用餐花费的金额），但我会很饱（食欲得到了满足）。在这里，我使用的是饥饿的价值尺度。我们对价值尺度是如何确定的以及如何分级的并不感兴趣，这可能因人而异，然而，为了研究饥饿对个人行为及其环境的影响，采用这样一个概念是必要的。

行为的选择：冲突

我们已经在第 4 章“系统中的冲突和资源”小节中讨论了冲突行为：一个状态下可能有两种或两种以上的行为发生，且执行其中的一个（些）行为会剥夺另一个（些）行为发生的前提条件。在我们的日常生活中有许多冲突的例子，为了解决这些冲突，大脑必须在给定状态下的模型可控行为之间做出最佳选择。首先，大脑只能在前提条件有效的行为之间进行选择。我们知道每一个行为都可能消耗和释放价值。因此，一个简单的选择标准是选择处于价值平衡点的“最积极”的行为。例如，我更愿意将所有的资金进行高收益投资，而不是买房或环游世界。当然，这会引出对不同价值进行比较的问题，这个问题并不像听起来那么抽象晦涩，我们每天都在解决这类问题。为了比较不同的价值尺度（有时候是在无意识情况下），我们会使用等价物。因此，一个人之所以决定做慈善，是因为对他来说做慈善所产生的道德满足感与所花费的钱相比，前者更重要。物质商品的价值通过市场转化为货币价值。有时候为了解决冲突，一些非物质的东西，如自由、正义和知识等，也应该用价值尺度进行估量。

有时，个人和社会必须在相互没有可比性的价值之间做出选择。一个人用多少自由才能换取物质财富和舒适的生活？有很多这样的问题，我们在某个特定时间给出的答案取决于我们是如何为价值的等级进行排序的，这种排序并没有成文的规定，更多的是凭我们的直觉和良知。

选择行动的另一个标准是事态的危急程度。例如，缺乏资源可能会产生负面影响。因此，如果我的资金大幅减少，那么“移民到国外工作”可能会成为更好的选择，即使我可能会为此付出高昂的情感成本。同样，如果我感到非常疲倦或饥饿，能让我回到平衡点的行为就会优先于其他可能具有更积极价值的行为。

这里值得注意的是，行为的结果对于个人和整个社会来说并不总是具有相同的价值取向。一个典型的例子是犯罪行为，犯罪行为的结果对他人是有害的，但对实施犯罪行为的人来说却可能是有益的。一个正直的公民，即使自己受到伤害，也不会做出对他人有害的行为。当然，也有一些比较愚蠢的人会做一些既损人又害己的行为。

这个简单的模型把执行某项行动视作决策的结果，这个决策权衡了先决条件和结果的利弊。从这个模型中，我们可以理解人们的价值体系的差异如何导致他们行为的不同。

价值体系的这种差异可以使一个人的个性凸显出来，表现为无私、自私、喜好美食、英雄气概、粗鲁无礼等。无私的人会为共同利益而采取行动，即使他们自己有可能蒙受损失，也在所不惜。一个自私的人则不会接受任何可能带来个人损失的行为，无论这种行为对他人多么有利。与普通人相比，美食家可能认为美味的价值要高于货币价值。英雄会为了共同利益而采取行动，即使他们需要付出高昂的代价。粗鲁的人不尊重别人，也不遵守既定的行为规则。

总之，心理系统的作用是监督并协调机体的运行，同时满足物质需求和价值要求之间的平衡。这种欲望与精神（或情绪）之间的合作 / 斗争，在有意识的思维的判断下，便出现了短期目标或长期目标。在下文中，我将尝试解释为了实现目标，意识的元素之间是如何协同工作的。

目标管理与规划

实现目标的策略和方式

当一个需求不能通过当前心理系统状态的即时行动来满足时，大脑必须确定一个可以达到的目标，即满足需求的且可达到的心理系统状态。我们已经在第 5 章“自主系统的功能和组织的特征”小节中说过，目标有积极和消极之分。需求的满足可以通过完成不同程度的积极目标来实现。然而，每一个积极目标都会伴随着消极目标，这些目标与风险成本有关。所谓风险，即由于各种不确定性导致实现目标的成本增加。我们在满足需求的同时需要避免这类事情的发生，以免使满足需求的成本过高。例如，我们不应当与没有偿付能力或易受政治和社会变化影响的人进行交易；当我们决定参加一项极限运动时，需要考虑相关的安全问题；我们在旅行的时候，也同样需要考虑安全问题；当我们从事非法行为时，需要考虑将面临的法律后果。

因此，在评估实现积极目标的成本时，我们还必须考虑到所涉及的消极目标的风险。这是一个极其复杂的问题，因为策略不是一个简单的行动序列，而是一组取决于环境反应的行动序列。因此，成本估算必须考虑“最坏情况”和可用资源。

策略

在心理系统的给定状态下，心理系统中会出现一组需求和与之相应的目标，心理系统最初根据它们的重要性和紧迫性进行排序。例如，当某个需求得不到及时满足时，我们就会陷入灾难性的境地，并付出物质上的（如金钱、健康和完整性等）或非物质上的（如剥夺自由、道德沦丧等）巨大代价，此时这个目标就会变得非常重要。我们的大脑会按优先顺序来完成关键的目标，按照合适的策略来调动必要的资源。

我们的大脑也会对非关键目标按如未完成可能付出的成本进

行分类。大脑会比较相似的目标，同时会考虑达成这些目标相关的知识。例如，一个人在某个晚上是去餐馆就餐还是去看电影，这两种需求都源于“休闲放松”的愿望，大脑会考虑经济、技术等各个方面的标准（如从家出发到达餐馆和电影院的难易程度）以及个人喜好和所有经历和记忆，然后从中进行选择。当我们满足了到餐馆就餐或者看电影这两个目标中的一个时，在回家的路上，我们会有意识地甚至自动地评估所做的选择是否正确（是否达到了预期的结果）。如果不是，那么自我学习功能会改变某些模型参数，并对以后做相关的判断和选择产生影响。

在考虑目标的优先级别的同时，大脑也会将目标分为短期目标和长期目标。短期目标是我们每天都在处理的、需要尽快完成的目标。有一些特殊的短期目标通常被给予更高的优先级别。

长期目标只有随着时间的推移才能实现，为此，大脑必须进行更彻底的分析，只有在充分考虑可用资源和外部因素以后才能确定策略。对长期目标的管理需要特别的勤奋和毅力，因为我们的注意力经常会被短期目标转移，即使这些短期目标并不重要。

我们可以将目标管理策略看作资源约束下对问题解决方案的优化过程。于是我们可以选择一个目标系列，我们可以利用已有的资源及时地完成目标，且能够最好地满足我们的需求。当然这个过程有一个内在的困难，即我们无法预测动态变化的环境，新目标可能会出现，旧目标可能需要调整。显然环境越是可预测，我们的目标管理就越可能成功。这在经济学领域是完全可理解的，因为贸易的稳定性和可预测性，可以让我们能够更好地管理资产。缺乏可预测性意味着我们需要长期投入一些资源来应对紧急情况。这就是为什么社会和政治稳定是经济增长与繁荣的重要前提。

方式

选择目标后，大脑会计算出实现目标的方式。这个方式包括计划一系列导向目标的可控的动作，但是否能达成目标，则取决于不可控的环境。计算目标实现方式的复杂性就在于此。一个实现目标的方式不是一个简单的动作序列，而是一组可以用树形结构表示的动作序列。执行一个动作（树的节点），环境会做出反应，我们则会根据环境的反应来选择下一个动作（从树的节点衍生出的分支）。当环境做出许多反应时（在实践中经常出现这种情况），我们就不可能从给定的状态对实现目标的方式做静态估计了。所以我们实现目标的方式是随着时间推移而动态计算并不断更新的，这个过程直到实现目标为止。

因此，计算达成目标的方式似乎是我们与外部和内部环境之间的一场博弈。不同之处在于，这场博弈中没有明确的规则，特别是在双方交替“出招”的强度和时间上，更是无章可循。

要确定一种方式是否成功，并非易事，不仅需要知识，还需要适当的知识管理，这样才能评估当前状况并找到能继续达到目标的解决方案。

有时，我们会忍不住采取的一些动作让我们非常接近目标，但同时也使我们处于进退维谷的境地——最终我们却输掉了这场博弈。例如，通过贷款（而在获得投资回报之前，我就必须开始还贷款）进行投资；在参加赛跑时，我选择一开始就竭尽全力跑第一，但实际上我却无法一直保持到终点。

我必须指出，实际上，虽然决策机制的有效性取决于知识的数量和质量，但最重要的是取决于大脑有效地组合知识的能力。这就是我所说的元知识或智慧：一个缺少智慧的人可能拥有丰富的知识，能够回答那些根本性的问题，但却无法创造性地把这些知识结合起来用以实现目标。有些人学富五车，像一部“行走的百科全书”，但他们在管理和实现目标方面却做得不够好；而有些人虽然只受过中等程度的教育，但在面临困难的时候却能够表现出了不起的判断力和创造力。

安全与自由

本杰明·富兰克林曾说：“那些为了片刻的安全而放弃基本自由的人，既不配得到自由，也不配得到安全。”我同意这句话，它很有道理，也是对基本自由的很好的辩护。

我们绝对不能忽视这样一个事实，即自由和安全这两个概念往往是对立的——当其中一个加强时，另一个就会减弱。问题是，我们准备牺牲多少自由来换取安全？每个人都应根据自己的价值观和对风险评估的结果进行取舍，在自由和安全之间取得适当的平衡。

每个人都应该利用自己所享有的自由来有效地实现目标，同时也不能对自己的安全造成威胁。

我们已经对人的关键目标进行过讨论，如果一个人不能实现自己的关键目标，将会导致灾难性的后果。但是，如果我们不提前做好计划，确保我们的行为是安全的，那么我们每天都会面临这种风险。

虽然一个行为的结果并没有直接导致灾难，但我们仍然不能就此断言这个行为是安全的。一个安全的行为应该在它发生之后，不会对环境产生不可控的影响，不会将我们引向灾难状态。例如，如果我们在没有锁门的情况下离开房子，就会产生安全隐患，有人可能闯入房子并把我们的家洗劫一空（灾难性状态）。

从技术上讲，安全是由表征安全状态的心理系统变量来描述的，例如，年收入超过 10000 欧元，体温低于 40 摄氏度。如果不满足安全条件，就会导致某些操作陷入死锁。如果死锁是永久性的，这将导致目标管理的自由度显著降低。

安全条件的一种特殊情况是受时间限制的条件。从理论上讲，如果不涉及时间因素，只要我们不主动采取行动，我们的状态就不会改变。从某种意义上说，时间才是我们的“对手”。随着时间的推移，即使是在最懒散的情况下，我们也必须吃喝、付房租、睡觉。因此，有一些由时间期限决定的条件如果得不到满足，可能会导致不利的后果。

遵守安全条件通常会降低自由度，进而降低实现目标的效率。反之，如果我急于求成，就可能会忽视或无法正确评估某些风险。例如，为了更快地到达目的地，在到达十字路口时我可能不愿意停车等待，结果可能导致交通事故。众所周知的事实是，如果什么都不做，犯错误的可能性也就降低了，但你也不会取得任何积极的成果。谨慎的人知道该如何利用选择的自由，评估所涉及的风险，并确定什么才是安全行动的方式。

自由意志

死锁对人类来说是个问题，但对物理世界却不是问题。当人类思维无法找到摆脱困境的方法时，它会停止工作，但时间却不会停止流逝。人类注定要不断努力寻找能够有助于实现目标的资源。从某种意义上说，这是我们为选择自由所付出的代价。

我已经说过，社会组织是基于两种类型的互动：合作和冲突。合作是多个人为实现共同目标而协调执行的行动。冲突是为了获得资源而相互竞争的结果（见第 4 章“系统中的冲突和资源”小节）。冲突可能发生在个体内部，也可能发生在人与人之间。人类社会与昆虫社会有很大不同，昆虫的合作行为是“刻录”在它们的基因里的，很少会发生冲突现象。我经常很困惑的是，为什么进化的过程没有在那些完全基于自组织的社会（如昆虫社会）中停止。

无冲突状态是一个在理论上很有趣的例子。这种情况需要满足两个条件：（1）资源充足；（2）所有可能的动作都相互独立。例如，空气是生命的重要资源，但在正常情况下人们不会为此发生冲突，因为我们每个人都可以彼此独立地呼吸空气。同样对于水和燃料，虽然需要消耗一定的货币资源，但大多数情况下我们都不会为此产生冲突。

无冲突系统的特点是其动作的聚合。换句话说，如果动作 a 和 b 都是可能发生的，并且不会发生任何冲突，那么它们需要是独立的，且无论按任何顺序执行，最终得到的结果都一样。存在冲突的系统就不会这样。

如果在追求目标的过程中出现死锁，那么在此种状态下便无法实现目标。破产可能是实现商业目标的致命发展，而因监禁失去自由则限制了个人实现社会目标的可能性。

自由意志被认为是在不同的动作之间进行选择的能力，它需要符合目标以及实现目标的可能性。

哲学思想中有两个比较极端的流派，它们互不相容。

- 一个是“决定论”，它断言我们的行为是由我们无法理解的各种原因和内部选择机制先天决定的。之所以存在不确定性，是因为我们还不了解其背后的原因，但当我们做出决定后，不确定便成为确定。换句话说，对于给定的初始条件，人类只能遵循预先确定的路线。只是人类的“愚蠢”和“无知”

使人类相信自己拥有“自由意志”。

- 另一个是“存在主义哲学”，它强烈反对决定论。存在主义哲学家们（过分地）强调，做出选择的能力是我们人类最根本的特征之一。

决定论从外部将人视作一台机器，拒绝承认精神现象存在自主性，认为它们是外部行为的副产品，是在物理规律驱动下的人类外部和内部现象的结果。相反，存在主义从内部看待人类，认为人在一定程度上能够主动采取行动并影响他们周围的环境。

在我看来，自由意志到底是什么以及是否“真的存在”，只是一个主观的本体论问题，是没办法用理性来分析的。不管我们的选择究竟是什么，也不管它们是否只是自欺欺人，都不重要。重要的是我们的大脑能做出选择，进行分析，并解决行动之间潜在的冲突。不仅如此，更重要的是，我们能体验到我们选择的结果。

当然在对待生活的态度方面，相信自由意志的存在非常重要。我们不能否认，自由意志是一种现象，它在我们对各种关系的处理中发挥着至关重要的作用。人们承担责任，因为他们可以选择。机器不承担任何责任，因为它们的选择是由程序员决定的。当然，这并不能阻止某些愚蠢或不怀好意的人为机器人和人工智能主张权利。那么如何定义人类自由的概念呢？

至少从理论上来说，如果没有需求，就无所谓自由的问题。许多人认为，自由意味着摆脱自己的所有需求，或者至少将自己的需求最小化。这就是为什么他们要强调，一个人甚至连欲望都不应该有。

当然，需求是人类与生俱来的。我相信，摆脱某种需求并不意味着你不受这种需求的束缚，而是说，在现有的价值体系中满足这种需求是可能的。在这种情况下，需求的性质和重要性（生理、安全、社会等）可能会各有不同。

对于人类来说，绝对不自由，与人类自身的存在是不相容的，因此要么人类不存在，要么就没有绝对不自由。不过，我可能会在实现某些目标的时候，缺少某些自由。例如，我不一定能够过上舒适的生活，不一定能进入大学里学习，也不一定能够保证自己衣食无忧。

很难判断我们什么时候是真正自由的。下面这个答案可以作为参考：当我们可以选择某个动作且满足该动作的先决条件，从而拥有资源来实现一套具有层次结构的实质性目标时，我们就可以说自己是自由的。但是，这里需要小心。根据这个定义，我们的目标必须限制在可选择的范围内。我们不能针对那些具有强制性或禁止性的目标来选择动作，这类动作更多的是强迫而非自由。

实现目标所付出的成本必须与目标的重要性相称。然而，即使我不考虑实现目标的成本，也并不意味着我拥有的选择越多，我享受的自由就越多。因为人类思维受认知复杂度的限制（见第 5 章“认知复杂性：理解的边界”小节），而且当选择的数量超过某个阈值时，就会超出我们的处理能力。这个阈值的大小取决于个人的能力；但可以肯定的是，我们无法同时管理超过一定数量（比如5个）的不具有层次结构的选择。

当我们想要确定一个最佳解决方案时，如果对某一状态下大量的选择进行分析会导致时间的损失，这种做法是缺乏有效性的。这个时候，采取近似的分析方法可能更可取，因为可以为我们赢得更多的时间来执行操作。

与计算机一样，人类在做出选择的时候也要付出计算的成本。我们不得不在计算成本与行动的有效性和执行的及时性之间达成平衡。我见过一些人，主要是那些富有的人，他们有太多的选择，却无法处理好这些选择，结果过着迷茫且不快乐的生活。

总之，选择自由需要付出计算成本，出于效率的考虑，我们必须对选择的自由度进行限制。这里有两个关键因素在起作用。

1. 存在一个结构良好的个人价值体系。在特定的状态下，这个价值体系让我们能够在大量的理论选项中进行有效的选择。大多数道德、法律规定都是禁止性的，这并非偶然。有些人为了过上“平和”的生活，从小到大对自己生活的方方面面做了大量的限制。例如，一个人可能不喝酒、不抽烟、不开车、吃素、每晚10点睡觉，每天的食物和着装预算非常有限。在这种情况下，选择的数量大大减少。如果一个人以这种方式生活并且感到舒心，那他可能会比一个享有更多自由却无法做出有效选择的人更加快乐。

2. 知识及其在决策中的应用。我们在中学、大学或其他地方学到的知识对于我们管理目标和形成策略的能力来说是很重要的。但最重要的不是知识本身，而是管理所学到的知识的能力。

上述框架是通用的，它可以作为在不同情况下进行比较的基础。虽然按该框架去定量评估没有意义，但即使是按定性的标准，也足以让我们判断一种情况是否优于另一种情况。此外，这个框架清楚地表明伦理和伦理规则在平衡自由与限制方面所起到的简化作用，这个框架还显示了知识以及“关于知识的知识”的重要性。

最后，我想讨论一下个人自由和集体自由之间的平衡问题，一些人经常拿它们进行比较。我之前提到过，社会和政治环境会限制一个人享有的自由度。

有两种著名的极端观点——个人主义和集体主义。前者主张个人行为不应受到任何限制；后者主张个人的选择和行动要服从共同的目标。在这一点上我不会做过多的讨论，因为显而易见，在个人自由和集体自由之间应该取得一种平衡，而不是走极端。

在社会组织中加入过多的禁止性或强制性规则会产生一种控制机制，这会阻碍发展，甚至改变社会进程。这些规定也限制了个人行动的自由度，使人们无法发挥主动性和创造性。在极权社会中，自由精神和创造力是很难得到表达和发挥的。在僵化的、“等级森严”的学术系统中，研究生产力会受到种种限制，对此我是深有体会的。

所以，强制性或禁止性的规则必须是最低限度的。当然，前提是公民知道他们必须用好自己享有的自由。我们必须有可供选择的规则，同时也应该为遵守这些规则的人提供相应的激励措施。

在决策的过程中,"现在" 是 "过去"(已经发生的事情)和 "未来"(将要发生的事情)的分界线。"现在" 是我们塑造未来的起点，在这个时间点上，我们有意识地决定以某种方式行动，或者不采取行动。即将发生的事情在这里诞生，它是所有有意识和潜意识行为的结果，过去中孕育着未来。这是一个信息进入系统、自由意志得以行使的时刻。

选择的存在塑造了自由，自由是对未来的有意识的探险，不论是 "选择" 还是 "自由"，它们都是我们实现某些目标的手段。自由的代价是增加了风险管理的复杂性以及面临在相互冲突的行动之间进行选择的困境。没有选择则意味着未来已经由过去预先确定了。

意识自我和潜意识自我

关于意识的普遍看法

意识与潜意识的合作

我已经讨论了意识和潜意识这两种思维系统，并解释了它们在层级关系中是协同工作的：意识思维通常起到概括和发布命令的作用（见第 5 章 "思维的快与慢" 小节）。

从某种程度上来说，我们对这两种思维系统的感知反映在我们对意识和潜意识的区分上。意识思维是“看”向内部的。它“知道自己知道”，它能“看见”心理系统中有哪些可能的行动选择，并做出决定。潜意识的作用则是充当一个“辅助处理器”，让目标能通过自动功能来实现。在这一点上，我必须强调我更喜欢“潜意识”这个词而不是“无意识”，因为至少在概念上，它能更准确地描述“非意识”所起的作用。

我相信，我们的心理系统是逐渐建立起来的，这个过程就像一场意识与潜意识之间的游戏。问题是，意识是如何建立起反映我们全部知识的世界语义模型的，以及意识和潜意识功能如何协作，从而做出决定并实现目标。

大脑有意识地培养自动思维来执行那些对人来说至关重要的功能，例如运动和语言。事实上，有时，意识会暂时停止工作，将控制权让给潜意识，好让潜意识不受阻碍地自主运作。例如，当踢足球或跳舞时，我们会释放冲动并变得“迷离”，处在一种能用直觉体验的超然当中。

实验证明，我们至少需要半秒钟的时间才能有意识地感知到刺激，并对刺激做出反应。相比之下，潜意识的反应时间要短得多。在实验中，给被试者施加一个强刺激后，在小于半秒的时间内紧接着再施加一个弱刺激，潜意识会察觉到这个刺激，而意识却没有。

值得注意的是，有些人会利用意识和潜意识之间的双向关系来影响我们的判断。我曾读过一篇文章，一位心理学家用他的学生做实验，他告诉学生们，他可以根据笔迹分析每个人的性格。判断的结果是，大多数学生都属于积极的性格。每个人都认为这个分析很准确。然而，事实是所有学生得到了完全相同的分析答案——这说明分析的文字中包含了每个学生都希望看到的——他们拥有高超的智慧，虽然有一些弱点并缺乏安全感，但知道如何让自己显得快乐而且坚强。

通常，当面对危险的情况时，潜意识可以掌控全局，并暂时阻止理性的、有意识的分析，以便让我们能够自动地、本能地做出反应。

我们如何在意识和潜意识之间取得平衡并做到自我控制？对于运动员或艺术家来说，潜意识是他们表现的关键因素。所有超验体验都有一个特点，那就是意识暂时被潜意识取代，无论是宗教的、色情的、艺术的还是与创造力有关的，潜意识在其中都起到了重要的作用。意识的干预可能会让人犹豫或手忙脚乱，这会让人表现不佳。

在音乐会现场，你可能会完全沉浸在音乐当中，无法自拔；而在家里播放唱片，可能却是另外一番感受。因为我们在听音乐会的时候，一支曲子被转化为大量的视觉和听觉信息，此时我们为音乐所包围，大脑也会为潜意识所控制。而在家里，此时人们的头脑处于清醒状态，在意识的控制下，就很难完全沉浸在音乐的美妙当中。

我们应该重新评估意识在我们生活中的作用。人们所做的许多美妙的事情都不是在意识的控制下完成的。因此，我们应当通过大量实践来培养通过潜意识便能完成的技能，只有这样，我们才能与世界交流，获得宇宙的奥秘。我们可以在潜意识的直觉反应和意识的选择之间取得良好的平衡。潜意识的直觉反应可以帮助我们克服复杂性，而让意识专注于那些有意义的和创造性的选择上。

意识和计算机

我们知道：（1）意识思维处理信息的能力有限，只占我们行为和反应的一小部分；（2）意识思维是连续的——我们可以随时将注意力集中到某个对象上；（3）人类大脑能够有意识地掌握的复杂关系是有限的。

计算机显然可以帮助人类扩展智力。就其本质而言，它们可以分析大量数据，扮演着类似于人类潜意识，即“协同处理器”的角色。因此，我们可以利用计算机丰富我们的知识，也可以间接地增强我们的心智能力。

问题是，鉴于其固有的局限性，人类意识如何能够理解和控制日益复杂且迅速变化的环境（物理、技术）？不幸的是，人类目前还无法掌握科学和技术进化的动态及其影响。系统已经变得如此密集和复杂，我们再也不可能通过分析来监控它们的行为，也不可能详细地评估它们的作用和有效性。

意识是人类进化的一个奇迹，它创造了文明并在很大程度上改变了世界，但意识不应该成为自身成就的牺牲品。意识如果不能认识到自身的局限性，即只能部分地理解世界，这对其本身来说是一种危险。人类意识所创造的文明正影响着人类意识自身的进化。我们需要理解这一事实，帮助公众把握这种变化的深度及后果，并形成社会共识。

如果将技术先进的破坏性武器提供给还在使用弓箭和长矛的原始人，必然会导致种族灭绝，因为他们还没有形成成熟的社会共识，还没有足够的能力去衡量在冲突中使用此类武器的后果。在 20 世纪，我们似乎逐步地意识到，在这场超级大国的较量中并没有赢家或输家，因此避免了一场全球核战争。如何避免环境灾难、如何在可控范围内合理地使用计算机等类似问题，也是我们正在面临的、还未取得社会共识的问题。

人们对大数据和算法充满信心，因为它们在预测方面确实比人类更擅长。当面对“我应该在大学里学些什么”这样的问题时，我们更可能会认真考虑计算机给出的答案，而不是遵循自己的感受和逻辑。当我们选择度假的目的地或在候选人中挑选委员会成员时，我们可能会觉得用计算机找答案更方便。我们在生活中做出的决定越来越少，这会让我们变得越来越懒惰，也越来越缺乏自信。逐渐把决策的重任转嫁给计算机，我们的确会感到如释重负。

没有工具就无法建设，同样，没有计算机就无法管理世界。但如果把一切都交给计算机，又会挑战作为人类核心价值的人道主义愿景。

有没有什么两全的办法呢？我想可以设定这样一些规则：默认情况下禁止计算机做出关键决策；不能为了追求“效率”而创建封闭的、不可控的管控回路（对于这样的系统，我们只能调节其中的几个参数）；为了让科技产品继续为人类服务，我们应该理性地对待其复杂性，同时提高我们对自身固有局限性的认识。

学习与创造

人类在主动学习方面依然领先于计算机。因此对于儿童的教育，其目标不仅要教会他们知识，培养他们的批判性思维，还要重视培养他们获得经验的技能。足球运动员、钢琴家、研究员都是通过实践和练习来进行学习的。当然，在学习的过程中，他们会有意识地运用理性规则，但解决问题所需要的创造性则有赖于知识储备，而这些是难以被分析和理论化的。

对于同样的问题，有的人可能刚刚接触，所以集中所有的精力，利用已有的知识，按部就班地执行一个又一个动作，这个过程显然是在意识的支配下进行的。但有些人已经熟能生巧，不需要意识支配，便能顺利解决问题，那么我们可以假设他们的头脑中发生了一个与意识支配情况下相同的过程。换句话说，对于同一个问题，意识支配的解决过程和潜意识支配的解决过程，至少从逻辑和计算理论上，存在一种等价关系。

因此，就这一点来说，我们必须重视亨利·柏格森的观点，他认为在理解世界这方面，直接经验和直觉要比科学和理性更重要。事实上，意识可以分析处理的信息量（带宽）是很少的，而潜意识吸收和整合信息的能力要强大得多。一部电影、一幅画或者一句诗传达了大量信息——如果靠意识思维，我们永远无法分析它们，也无法理解绘画与照片的区别。这时直觉就有了用武之地，即在不需要用意识思维进行分析的情况下就能综合并掌握“大局”。

正如人们所说，你可以在实践中学习而无须深奥的理论。以学习游泳或骑自行车为例，你不是先学习理论方法然后再去尝试。别人解释得再多，如果不下到水里，你永远都无法学会游泳。因此你要学习的是如何在不做任何分析的情况下自动做出相应的动作。当你学习弹钢琴时，某些逻辑规则会“内化”成为自然而然的动作。

你不可能仅仅通过理论学习就成为一名优秀的研究人员，就像你无法只通过理论学习就能成为一名优秀的公民一样。当然，你可以理解某些规则并有意识地去运用它们，但这远远不够。你必须把它们内化成为自己的行为模式。俗话说，“文化是当忘掉一切之后留在脑海中的东西”——所谓文化就是在所有你学过的东西中，那些你还记得的部分——换句话说，思考的结果最终应变成自动的、潜意识的行为。

这里就引出了另一个话题，即在可控的情况下解放潜意识，让潜意识在服从于某个目的的前提下进行自由的创造活动。一个伟大的管弦乐队指挥就是一个创造者，他在激情和意志力的推动下，可以发挥出非常高的水平。这正是潜意识在意识的控制下起作用的地方。

当你创作诗歌时，创作过程在很大程度上是由潜意识控制的，但是在这个过程中，什么是美，什么是伟大，这些标准你之前已经通过阅读大量诗歌、钻研语言学和美学掌握了。

艺术表现和创造力是一种智力成就，它需要毅力和勤奋。阿维西诺斯是一位著名的克里特小提琴演奏家，我曾有幸当面见过他。几年前，我在一本书中读到他在孩提时代是如何学习拉小提琴的。起初，他从自己所在的乡村来到大城市，跟着一位音乐老师学习了一个星期。最后，这位老师把诀窍告诉了他。老师让他只需要这样做："你把自己关在家里 40 天，不出门，不干活。除了吃饭和睡觉，其他的时间都来拉小提琴，不断地回想自己熟悉的旋律。当你演奏时，试着把这些旋律用小提琴表现出来。40 天过后，你就是个小提琴手了。"这个年轻人就如老师所说的那样做了。他闭门不出在家里修炼了 40 天，当他复出时，已经可以熟练地演奏大量当地的舞曲，甚至可以进行即兴演奏。

通过分析，我们可能永远都无法确切理解意识和潜意识之间的关系。这就像我们与计算机的关系一样——人与计算机之间有互动，但人无法准确理解计算机是如何运作的——信息是如何表示和转换的。

创造和创造者

最后，我将就知识创造的过程提出一些个人看法。人是如何产生新想法的？我们是如何找到解决难题的办法的？

在创作过程中有一个特殊时刻，思路会变得开阔，头脑会变得清晰。灵感就像火花一闪，为我们呈现出可能经过数小时的逻辑分析也没能找到的解决方案。解决方案的出现带有神奇的意味。就好像那些杂乱无章地聚集在脑海中的思想突然被组织了起来，并为我们指出了方向。

我记得伟大的物理学家詹姆斯·克拉克·麦克斯韦曾说过一句话："我觉得，所谓'我自己'做的一切，是由我体内的一种比'我自己'更伟大的东西所做的。"

我在清晨醒来时，常常会有许多清晰而有创意的想法。当然，我不相信这些想法是从天上掉下来的"免费的馅饼"。它们是折磨我很长一段时间的思想结晶，只是现在清晰地呈现出来了。有时，我觉得这有点可怕；我想知道自己是怎么能做到这一点的。当然，创作的美妙和满足感是无法用语言形容的。

同样值得注意的是，当我考虑一个问题时，有些想法会不断地向我的内心深处生长，我无法摆脱这些思想——说实话，在我认真着手处理，并得出有用的结论之前，我甚至不想摆脱它们。这些想法就像一种疾病，或是一种病毒，在我充分研究这些问题时，它们会在我的脑海中"定居"下来并完成它们的"复制周期"。

在已经积累的经验和知识中蕴含着巨大的潜力，创造者就是这种潜力的转化者。他们倾听、破解、翻译和解释那些妙不可言的东西。他们建立自己的符号和表达方式，走着自己的路，这些道路最终会把他们引向遥远的灵感源泉。

我不禁想起苏格拉底所谓的“daimonion”（希腊神话中一种介于神与人之间的精灵），它是一种内在的“声音”，这种“声音”会对苏格拉底的行动给予某种启示。一个近代的典型例子是自学成才的印度数学家斯里尼瓦萨·拉马努金，他在数学方面取得了重大发现，但年仅 32 岁就去世了。作为一个虔诚的印度教徒，他相信自己的成就是因为家族的神灵给了他启示。

我很钦佩的是古希腊那些哲学家，他们是那么富有洞察力——我没有其他更恰当的词语来形容了——没有实验，甚至都没有见过，却能在如此多的事情上做出正确的判断。更让我吃惊的是，伟大的真理常常并非是经过彻底的分析或经过正确的逻辑推理的结果。它们的出发点往往是一个带有启发性的想法，例如数字的重要性，思想的永恒，对立面的统一，原子理论，连续与离散之间的悖论等。这些发现真理的人会寻找各种形式的、能够支持这种想法的论据。我记得，当我还是一名高中生时，我发现柏拉图的某些对话很枯燥。他们提出的想法的确很有趣，但有时它们给我的印象是，这些想法不统一或辩论当中有缺陷。我的意思是，柏拉图真正出色的想法是源于“直觉”，而不是纯粹理性推导的结果。一个典型的例子是，柏拉图坚信行星的运行轨迹是常见的圆形，但由于地球的运动而使其变得复杂。如果我没记错，这个“论点”是基于审美的——行星轨迹如此不规则让他无法理解。另一个例子是，苏格拉底引导一个从未受过教育的年轻奴隶说出了一个简单几何问题的答案，他想以此证明这个答案其实早已存在于那个奴隶脑海中的某个地方，即学习只是回忆而已。

古希腊人怎么会首先想到宣扬人应该拥有思考和获取知识的自由呢？将复杂的事物按照逻辑还原为几个主要的原则和要素，这种具有理论形式的想法是如何出现的？在不到两个世纪的时间里，我们看到知识的巨人层出不穷，他们每个人都在为知识殿堂的基础添砖加瓦。无论这些伟人的个别观点是否正确，但他们贡献的理论概念却是伟大的。几个世纪以来——甚至在今天——任何想要解决重大哲学和科学问题的人都不能不想起这些哲学和科学思想的奠基人。

最后，我要强调灵感的创作是一种孤独的努力。尽管创造者可能依赖团队的知识和帮助，但正是创造者开辟了道路，确定了框架和愿景。我指的不仅仅是艺术创作，还包括设计一件人工制品，设计一个重大的项目，即使它动员了成千上万的专家，也总有一个“首席架构师”——一个能够激励和调动所有参与者的角色。

在我看来，创造能力是一种与生俱来的东西，它当然可以通过教育来培养。然而，仅有知识是不够的。创造力要通过深度挖掘不同专业知识之间的关系并将它们与知识领域普遍关注的问题联系起来。这个过程不仅会激发有意识的思维，而且会激发创造力和潜意识。

要想获得更深入的知识，需要一种痛苦的、孤独的努力。别人的嘲讽和傲慢只是眼前的烟瘴，可能会使我们迷失方向，陷入僵局。就像一位经验丰富的探险家开始一次危险的旅程一样，创造者必须时刻保持警惕，以免迷失在死胡同中。我曾见过许多才华横溢的研究人员最终陷入教条主义、偏见、过度乐观或者低估萃取知识的困难等错误。

知识是逐渐获得的。当你到达一处高峰时，你会看到在远处还有另一座更高的山峰。这是一场没有尽头的游戏。如果你觉得自己已经爬到了最高处，那你就完了——你会失去持续创造的乐趣。

寻求幸福

关于幸福是什么以及如何追求幸福的文章已经有很多了，我想要探讨的话题是根据上文介绍的心智模型，从另一个角度重新审视“幸福”这个概念。

我对幸福的理解是，一个人通过承担合理的风险来实现自己目标的持续的能力。这是一种思维（通过制定适当的策略）与环境互动的游戏。从某种意义上说，幸福是动态的，当人的某些目标得到满足后，可能会出现其他新的目标。因此，实现目标的速度必须与新目标出现的速度相当，这样他才不会陷入困惑。

有些目标是在不断变化的。当我们越接近这些目标，它们就会变得越清晰、越立体。例如，盖一座房子或取得职业成功，这些目标在我们接近并部分实现它们时会变得更加清晰。

幸福就是与目标保持一定的距离——既不太远也不太近，并朝着目标不断前进。至于最佳的状态，取决于每个人的性格。如果我没记错，希腊作家、诗人卡赞扎基斯曾说过，每个人的幸福都是量身定做的。有些人在完成远期目标上做得更好，而另一些人则更善于完成近期目标。但是，不要一下就完成最终目标，因为这样的话游戏就会失去吸引力。我见过那些在职业上取得很高成就感的人，当他们退休后，因为突然没有了那种满足成就感的机会，他们开始变得郁郁寡欢甚至疾病缠身。

当你离目标太远时，可能会感到沮丧。当然，有些人无法在他们的生活中设定长期目标，只能着眼于当前的需求。这可能是因为他们可用的资源不足以维持日常生存，也可能是因为他们思想上的惰性，无法持续调动他们的智力和道德力量。

幸福与理解世界和了解自己的能力直接相关，但最重要的是创造和想象。这就是教育和经验发挥关键作用的地方。如果一个人的头脑是空洞的，从来没有品尝过创造的喜悦，那么幸福的游戏对他来说还没开始就已经结束了。

一个人在追求幸福的道路上，尽管可能会受生计所迫或面临其他困难的不利影响，但是否能找到幸福主要还是看个人的努力。

集体的幸福不仅仅是个体幸福的总和。集体幸福可以定义为：成功地实现集体广泛接受的共同目标。当然，集体幸福会影响个人幸福，反之亦然。

总之，这里我只是从纯技术的角度来讲如何追求幸福，它与我将在下一章讨论的道德价值无关。康德说，道德不是为了变得幸福，而是为了变得值得幸福。

幸福与其说是一个逻辑问题，还不如说是一个化学问题。这是一个在你是什么和你想成为什么之间寻找平衡的游戏。当我们感到自己不如期待的样子时，我们会感到不满足。我们说："我不想成为我自己，我为自己感到羞愧。"

在相反的情况下也是如此，当我们发现自己所处的位置超出了自己的能力时，我们不得不努力去扮演一个角色，但我们却不具备这个角色所需要的技能，这会给我们带来不安全的感觉，让我们充满压力。我们有时会说某人德不配位，正是这种情况。

但还有一种更可悲的情况是，我们缺乏自我意识——"本我"和"自我"之间相互隔绝，不知道自己的能力和弱点。

我曾经写过以下内容：

"了解你自己。"这是与自己和谐相处的先决条件，也是实现幸福生活的前提。这是人类的第一个也是最后一个重要的任务。所有其他的任务都由此出发，就像定理是从公理推导而来一样。在我们的个人生活中，仅仅知道是不够的。无法管理的知识会成为我们不必要的负担，不仅无济于事，有时还会影响我们的判断。

在自由游戏中获得知识，才是人生的意义所在。当生命行将结束时，我们的内心一定会发现并理解这些规则。

第 7 章 价值体系与社会

关于人类社会

人类智能经历了几个阶段的发展，社会组织在这个发展过程中则发挥了关键作用。

“community ”（社会）和“communication ”（交流）这两个词都源自拉丁语，它们之间有明显联系，没有交流也就没有社会，同样，社会组织的存在正是信息交流的基础。

因此可以说，社会就是一个复杂的信息系统。

昆虫社会存在令人惊叹的协作行为。它们有一个特点，即“社会成员”的“角色类型”的数量有限。例如，在蜜蜂群体当中，成员只有工蜂、雄蜂和蜂王三种角色。每种角色类型的蜜蜂都有各自明确定义的行为和交流模式，这也决定了它们之间的交互方式。因此，昆虫社会的特征是，通过强调个体之间的合作这种集体行为，来达到收集食物和繁殖后代的共同目标。而昆虫个体对困境和冲突却可能并没有什么意识，它们也不会表现出“自私”的行为。

哺乳动物则进入了一个不同的进化阶段，它们具有强烈的自我保护意识。这会导致自私行为，甚至出现“同类相残”的冲突。这种现象在灵长类动物中很明显，它们经常会发生暴力冲突，而且只有对强者的畏惧，才能约束这些冲突。

人类社会能够从其他动物社会中脱颖而出，是因为通过进化，人类社会已经发展出一种有效的社会组织结构，通过明确定义个体的行动框架，从而实现复杂的目标。我已经在前文解释过社会组织的共同价值尺度和监管框架的重要性。

我们可以将人类社会看作一个复杂的信息系统，它具有心理系统所具有的主要特征，而且从理论层面来说，人类社会也是个体心理系统综合的结果。当然，这种综合是在社会结构内部进行的，并受共同价值体系制约。因此，我们在第 6 章第二节、第三节中所用的分析方法在很大程度上也适用于社会群体，不同之处在于，个体意识被一个更抽象的概念，即集体意识取代。

研究人类社会的动态变化是极其复杂的。这种复杂性不只是像物理学中研究大量具有完全相同性质的原子那样具有庞大的个体数量，更重要的是，人类社会还有一种“杂乱无章的复杂性”（见第 3

章“模块化：原子假说”小节），它取决于两个因素。一方面，作为一个整体的社会中的每个成员都具有特殊性，无法像气体与原子那样，将社会的性质概括为某种“个体性质”的宏观表现。另一方面，个人在社会组织中所处的位置不同，例如，收入、职业或地位等因素的不同，都会影响人的行为。这种复杂性使得研究社会现象变得特别困难，这超出了本书的目标。

在本章中，我将利用前面几章中提到的概念，从认知论、伦理学和经济学这三个重要的方面来分析价值尺度是如何形成的。我将解释每个人的主观经验的构成如何呈现客观维度，并将其作为一种社会现象进行研究。我将讨论“制度”在塑造和维持价值尺度方面发挥的基础作用。最后，我将分析价值解体现象及其导致的社会衰落，并以此结束对民主的讨论。

认知论价值

认知论价值一方面注重关于世界的知识的有效性（知识论价值），另一方面也注重应用知识的可能性（技术价值）。这些是经过个人价值尺度的主观性过滤后反映出来的共同社会价值。因此，认知论价值可以根据客观的标准以及它们被整个社会接受的程度来进行判断，我将在后文对此进行讨论。

知识论价值：真与假

知识的一个关键属性是它的“真实性”，否则，知识将失去它的实用价值，即帮助我们理解和改变世界（见第 2 章“什么是知识”小节）。

真理是一种知识论价值，它代表现实与推理规则的一致性。因此，谬误被定义为真理的反面。在此，必须说明，我们常常将“不真实”（“非真理”）与“谎言”混为一谈，谎言是有意识地歪曲事实（涉及的是一种伦理价值），而不真实则是未经经验验证或未经逻辑证实的信息。

一个人在知情的情况下说假话，就是撒谎，因此他负有道德责任。“地球是平的”这句话是错误的，但如果在中世纪有人声称这句话是真的，那么他可能就没有说谎，因为当时人们的知识水平决定了他们并不“知情”；而如果是一个受过现代教育的人说这句话是真的，那么他就是在撒谎了。

然而，我们显然不可能为每一个含有关于世界的信息的句子赋予“真”或“假”的值，因为我们无法对自然语言的含义做精确的定义。当我们对社会现象、经济现象或人们的行为做判断时，我们的命题可能会有多种解释，因此无法赋予它们或“真”或“假”的值。

然而，即使在使用严格语言的数学领域，也有著名的“不可判定命题”，我们在谈哥德尔定理时讨论过这些命题（见第 2 章“知识的类型及其有效性”小节）。正如我们已经详细解释过的那样，我们对物理世界真相的了解存在固有的局限性。

真理既有客观维度，也有社会维度。真理的出现要经过一个复杂的社会过程。在一个特定的社会条件下，人们认为“真实”的东西反映了当时的知识水平，这些“真理”是通过社会机构控制的“过滤器”形成的。也许有人会觉得，我说的这些都是显而易见的事情，并没有什么大惊小怪的。但大家应该都知道伽利略等人在与既定观点发生冲突时的“异端故事”。在这些案例中，新出现的真理挑战了教会的权威。

每一条真理，要想被大众接受，并成为一种社会价值，都必须经过一个检验的过程，其中社会制度起着至关重要的作用。

让我用一个完全“中性”的例子来解释。20 世纪 90 年代中期，人们围绕法国数学家费马提出的“费马大定理”的证明展开了激烈争论。这是一个极其困难的数学问题，尽管许多人不时断言他们已经取得成功，但 358 年来一直没有人能真正解决这个问题。1995 年，英国数学家安德鲁·怀尔斯发表了正确的证明过程。为什么我们现在相信这个问题得到解决了呢？因为数学家团体——无论是不是有组织的，这无关紧要——已经阅读过怀尔斯发表的冗长且技术性很强的证明论文，大家都认为它是正确的。

类似的情况发生在所有新知识出现的过程中。相对论要想成为常识并得到确立，就需要经过学术界的辩论，需要有期刊、图书和报纸上发表的证明其正确的文章。经过这样一个过程，它才能成为教育系统认可的知识之一，并进入公共领域。

不幸的是，在知识和信息社会中，新闻和学术组织这样的机构并没有发挥其应有的真理捍卫者的作用，也没有发挥帮助公众正确了解所有受关注的重大问题的作用。这种糟糕的、有时是扭曲的信息，对个人和社会的自由都构成了巨大威胁。

现在，越来越多捏造的谎言成为误导和操纵大众的工具。有权势的人伪造或隐瞒真相，传播谣言，玩弄文字游戏，意图使人留下深刻印象并产生误导。互联网和社交网络正在成倍地放大这种破坏性的影响。

当人们无精打采、迷失方向、没有强烈的意识保护自己的时候，情况尤其如此。事实上，人们天生就有一种相信那些匪夷所思和荒谬之事的倾向，因为这些事情会激起人的情绪和激情，从而滋生幻想。他们反而对真理和真正困扰他们的问题视而不见。当前，由于大众缺乏判断力，媒体混淆视听以及人们对虚假司空见惯，真理的概念岌岌可危。

最后，我想谈谈所谓“后真相”的概念。这个概念说的是，对于什么是真实和什么是不真实，人们缺乏共同的标准。在这种情况下，虚构有时候比事实更为可信。为什么会这样？

我认为有两个原因导致了这样的结果。一方面，道德危机和相对主义模糊了真与假的界限。另一方面，舆论正在被各种各样的信息混淆，人们难以区分未经证实的“新闻”和已被证实的事实。

舆论往往不加批判地传播那些谣言和捏造的消息。人们被各种媒体每天提供的“真实故事”淹没，并因此感到厌倦。没有兑现承诺、操纵民意和欺骗等都会导致人们做出“非理性”行为。

我们如何解释英国脱离欧盟或 2021 年 1 月美国国会大厦袭击事件？我们如何解释 20 世纪后期以来一直考验西方社会的宗教激进主义的兴起和频频发生的宗教冲突？我们如何解释在一些欧洲国家观察到的风起云涌的反疫苗接种运动，即使这样会将成千上万人的生命置于危险之中？

现代民主有名无实，它无力解决显而易见的问题，而社会对此已感到厌倦。精英们并未能塑造和实现稳定与繁荣的愿景。

这种情况会持续多久，后面又会如何演变？我们很难判断这究竟是理性的暂时缺失，还是荒谬的永久胜利。

技术价值

正确与错误

真理要求符合事实和逻辑的一致性，而“做正确的事”意味着朝目标前进，而目标则是由具体的需求定义的。因此，所谓“错误”则是朝目标前进时发生了偏离。错误是由于我们的头脑无法正确评估情况或无法对准目标造成的。

“正确”和“错误”属于技术价值。“错误”在词源上来自拉丁语动词“errare”，意为“游走、漫无目的”，即偏离正确的道路。

技术价值能够帮助我们评估一个行动能否成功，权衡行为人的责任——由于他们没有正确运用其技术知识或者出现疏漏而造成损害。任何专家，无论是工程师、医生，还是厨师，在应用他们的知识时都可能犯错误。但这就是所谓的职业责任的重要性，例如，当工程师设计的建筑物倒塌了，或外科医生由于明显不正确的操作、干脆不作为而危及患者生命，那么他们显然就是失职的。

“什么是真实的”是根据客观标准来判断的，而“什么是正确的”则是根据目标及其可行性来判断的。这些目标必须是明确的，当然它们不能与现行的法律和道德规则相抵触。不过在任何情况下，了解真理都是我们正确行动的前提。

不出错的最可靠方法就是什么都不做。无论人多么聪明，都会犯错。然而，谨慎的人具有预见能力，能够预判错误所带来的影响，并采取相应措施来防止危急情况的发生。他们也可能会故意犯一些小错误，以便摸清情况和学习，就像有些人在扑克游戏中“花钱买教训”，从而了解对手的战术。然而，谨慎的人会确保他们的错误是可逆的。

真理是重要的，但社会更强调和验证什么是正确的。这就是为什么要有一些机构来起到控制风险和验证理论的作用。我们在乘坐飞机，住摩天大楼，使用电器时，坚信这些东西是非常安全的，因为它们是根据理论和规则设计的；当然还因为一些独立机构已经证明这些东西是根据正确的程序和规格制造出来的。

我在前文已经指出，虽然每个产品都有标准化的认证程序，例如儿童玩具或电动工具，但计算机系统及其服务并没有这样的认证程序。除了某些关键的应用领域，例如输配电系统、核电站和智能卡等，其他领域都没有任何认证来确保它们会根据特定的安全和安保规则正常运行。我们在第 5 章“实际风险和挑战”小节已经讨论过这种情况可能会产生的风险。

风险管理原则及其实施

我在前文解释过，管理目标与风险的概念是相关联的，风险是对我们发觉自己处于哪种状态（从危险到灾难，成本值越来越高）的可能性的一种描述（见第 6 章“实现目标的策略和方式”小节）。

让我们以新冠病毒大流行为例来讨论风险管理的原则。每个国家处理疫情的方式不同，这反映了风险评估的复杂性以及在安全与自由之间达成妥协的困难度（见第 6 章“安全与自由”小节）。

有两种风险管理方法。

第一种方法基于预防原则，如欧洲法律文书写的“要求在面对可能对人类健康、动物或植物造成危害的情形下，或为了保护环境时，应该做出快速反应”[1]。这种方法适用于危急情况。如果科学数据不足以对风险做出全面评估，则必须根据“最坏情况”采取激进措施。这一原则不仅适用于灾难性的天气、流行病和其他自然灾害，还适用于评估使用药品、医疗设备和交通工具的风险（其开发受独立组织的控制）。预防原则的基础其实是基于另一个更为基本的指导欧洲法律框架的原则：生命的价值是至高无上的。当人的生命处于危险之中时，挽救生命可以不惜一切代价。

第二种方法基于适应性原则。这种原则适用于危急程度不高，或至少不涉及人命以及严重环境灾难的情况。这种风险管理方法注重标准的优化，其特点是只要有活动，就会有冲突因素。例如，如果风险（发生有害事件的可能性）与活动强度成正比，那么只要有适当的数学模型，就可以确定最佳的活动水平。因此，如果我在高速公路上行驶，从理论上讲，就存在一个到达目的地的最佳行驶速度，这是行驶所消耗的时间和风险之间的一个平衡点。最优值取决于许多客观因素，例如天气条件、交通状况和汽车类型，以及一些主观因素，如驾驶能力。最优值就是在一定的风险成本条件下，相关的收益能达到最大的水平。寻找业务风险管理的最佳平衡点是经济学的基本问题之一。

这两种应对风险的方式在各国对本次新冠肺炎大流行的管理中都有体现。起初，许多国家的领导人或多或少地表现得像个职业管理者，他们采取的是第二种方法。在他们看来，人的生命只是某个方程式的参数，而这个方程式还要考虑股票市场、经济和政治影响。

如果运用预防原则，那么需要立即采取严格的措施来限制病毒的传播，以挽救尽可能多的生命。然而，除了极少数国家之外，情况并非如此。于是，在英国感染人数失控的同时，英国首相却大谈“群体免疫”。我们对他希望不惜一切代价将经济活动保持在令人满意的水平表示理解，但是当 60% 的人口被感染时，他就应该考虑一下人类生命的代价了。因为，即使只是社会的一小部分人失去生命，那也意味着成千上万鲜活的生命。

美国也持有类似的态度。当时，特朗普曾宣称这种病毒对“人口和经济”的威胁很小。有意思的是，美国人对经济受疫情影响的恐惧，显得与对造成生命损失的恐惧一样强烈。时任纽约州州长的安德鲁·科莫于 2020 年 3 月 28 日发表了一份反对特朗普的声明，声称总统无权对纽约这座城市进行隔离。他在声明中称：“纽约代表着金融业。你虽然在地理上限制了一个城市，但你会使整个金融行业瘫痪。”

然而，即使那些与我们走得较近的国家的政府也采取了“观望”态度，表现出令人无法接受的轻率态度。法国于 2020 年 4 月 15 日举行了第一轮市政选举，却被迫取消了预备第二天举行的第二轮选举。

鉴于上述情况，我想指出，人们对危机管理的态度出现了一种危险的转变，这种转变在过去几十年中逐渐体现在权力中心的决策过程中。它标志着 20 世纪 70 年代曾被人们奉为圭臬的预防性原则逐渐被适应性管理取代。这种转变的结果就是，人的生命不再是最重要的了，它只是经济和政治游戏中的一个参数。曾经，西方的主要民主国家是如此强大，它们有能力实施自己的政策，然而现在，即使是最强大的国家，它的政策也要受制于市场的反复无常。这样的转变何其不幸。

同样，在系统安全问题上，我们也能看到这种从遵循预防性原则到类似金融行业风险管理模式的转变，哪怕是在人命关天的情况下，也是如此。

我之前已经说过，美国目前允许关键系统的企业自我认证。这就意味着没有一个独立的、负责任的机构来认证系统的安全标准，而是由制造商自己来确定这个安全标准。一个典型案例是波音737-Max，这个机型在企业自我认证中通过了单个迎角传感器，而法规则要求至少有两个迎角传感器。[2]

人们认为这种政策的转变是必要的，因为预防性原则的要求会使得人工智能和自主系统等新技术的推广与使用的成本攀升到令人望而生畏的地步。

人类处理新冠肺炎疫情危机的方式表明，野蛮的系统化意识形态在全球范围内卷土重来。它使得系统的弱点更加突出。这些弱点在处理气候变化等危机管理时同样变得越来越明显。此外，这些弱点在新技术的使用控制中也越来越突出。经济和技术至上的原则必然会危及我们文明的基础，这个基础就是尊重生命以及尊重人性。恐怕“野蛮主义”会让我们在将来付出更加沉重的代价。

伦理价值

伦理学是研究善恶概念的哲学领域。

伦理价值对于社会组织来说至关重要，因此我们把它放在共同价值尺度上进行评估。同时，伦理价值也是一种个人价值。在没有摩擦、没有不确定性的社会中，伦理价值是完全没有用处的。伦理价值有助于解决冲突，让人们达成共识，取得相互信任，并让事情具有可预测性，这些对于社会和平与进步都是至关重要的。

是否遵守道德准则是一个选择，取决于每个人的责任感。有时，遵守道德准则源于个人希望得到整个社会的认可，同时社会对这种行为也给予重视和鼓励。

纵观历史，现代社会采用的是一套相对全面的道德规则和价值体系。

伦理价值伴随着人类社会一起出现。最初，伦理价值是宗教情操发展的必然产物。后来，从亚里士多德开始，伦理学逐渐成为哲学家们理性研究的对象。

与认知论价值相反，伦理价值不能用客观标准来衡量。那些被采纳的伦理价值要么是社会实践所得出的宝贵结晶，要么来源于信仰，但这并不意味着伦理价值缺乏理性基础。

在接下来的两个小节，我将讨论善恶的概念，以及信仰在奠定道德准则基础和管理道德选择方面所起的作用。

善与恶

“善”与“恶”如果用伦理价值和规则来衡量，就分别对应着“对”与“错”。如何辨别善恶是我们的良心要面对的核心伦理问题。任何违反道德规则的行为都被认为是坏的，例如不遵守强制性规则或违反禁止性规则。

通常，善与恶之间存在很大差别。确定这两个概念的标准虽然很主观，但它们在共同的价值体系中也有广泛的客观基础。

道德的“黄金法则”在许多民族中普遍存在，这并非偶然：古希腊七贤之一的林都斯（罗得岛）的克利奥布拉斯写道“ὃσὺμισεῖς ἑτε_ρῳμὴποιήσῃς”，而《圣经·旧约》中也包含“ὃμισεῖς，μηδενὶ ποιήσεις”这句话，两者的本质意思都是“己所不欲，勿施于人”。古人能够总结出这条经验性的平衡规则不能不让人由衷佩服，这条规则可以确保社会和谐。

许多伦理规则具有威慑或禁止的性质，例如“摩西十诫”中的“不可杀人”、“不可奸淫”和“不可做假见证”。这些规则也具有实际意义，它们减少了个人选择和管理自由的复杂性。

从理论上讲，制定道德规则的目的是确保人们在特定的社会环境中能够和谐共处、共同工作。因此，它们并不独立于宗教或其他信仰。此外，道德规则还有保持现状、维护权贵的作用。

在中世纪，进行“低买高卖”的商业活动是一种严重的罪过，这种行为被认为是道德不端，有时甚至构成刑事犯罪。追求财富被认为是可耻的，炫富会招致全社会的愤慨和谴责。

然而在今天，不择手段地追求利润被认为是富有进取心的体现，甚至在某种程度上它被看作一种美德。尤其是最近几十年出现的那些暴发户，不仅不掩饰自己的富有，还以有权有势和拥有巨额财富为荣。

某些道德规则，旨在建立信任关系，从而让行为变得可预测。这对于追求共同目标，以及确保交易的有效性，具有绝对必要性。这些规则包括不说谎、信守诺言、不虚伪等。

还有一些道德规则要求我们的行为是公平的，即不要将我们的个人利益凌驾于一切之上，而忽略对他人的影响。这意味着要有礼貌，尊重他人的选择，不要无缘无故地排斥他人或者轻视他人。

当我们做出自私行为时，即使我们得到个人的小利益，也会阻碍共同目标的实现，从而伤害他人。相反，当我们克服个人利益至上的思想并表现出利他主义（在某些情况下，甚至做出个人牺牲）时，就是在为他人和整个社会做贡献。

其他伦理价值（如责任感和勇气）与我们如何选择行为有关。当你选择的行为不仅不违反道德准则，而且会产生最佳结果时，你就有责任那么做。不伤害他人的人很多，但出于对追求共同利益的忠诚和信念，每时每刻都想要尽力把事情做到最好的人却很少。

当你对自己的力量、自律、乐观和实现目标的毅力充满信心时，你就是勇敢的。

邪恶是违反道德原则的，而任何既不违背基本道德原则，又有助于个人和集体幸福的事情，都被认为是好的。当然，这两种判断需要取决于环境，以及有一定的范围和程度的限制。评判善恶的标准有长期和短期之别。随着时间的推移，有时候小善最终会导致大恶，反之亦然。善恶之间的一个主要区别是，行善通常需要经过努力，而当一个人什么都不做时，他也许正在作恶。时间不等人，漠视和懒惰会让人付出高昂的代价。

美德是一种能产生积极的伦理价值的行为，就像用共同价值尺度定义的那样。相反，没有道德是产生负面价值的行为的特征。因此，我们说懦弱、自私自利、犯罪等行为都是不道德的。我曾经说过，自私行为的表现是：认为满足个人需求标准才是最重要的，而不顾及这些行为可能对他人产生什么影响。非法行为不仅在道德上可能会受到谴责，更主要的是，它还触犯了法律。

从道德层面来讲，美德的缺失会导致自尊心降低，对有的人来说，自尊心降低可能会让人产生羞耻感或罪恶感。羞耻感是一种由于我们做得不够好而违反了道德规范的感觉。罪恶感则通常涉及法律制度所定义的犯罪行为。罪恶感可能会导致悔恨，这种感觉源于对所作所为会受到惩罚的恐惧。

追求向善往往会使我们与他人（尤其是那些追求恶的人）发生冲突。古代的英雄、《圣经·旧约》中的先知，以及被我们称颂为烈士的那些开明人士就是与邪恶斗争的人。古希腊神话中的半人半神的英雄赫拉克勒斯不断与邪恶做斗争，最终完成了 12 项英雄伟绩，希腊神话传说中的雅典的创立者忒修斯惩罚强盗并将雅典青年从牛头怪的奴役中解放出来，他们都因此而被颂扬。烈士或为了人类和国家的理想而战，或因不屈服、不愿意否认自己信仰中所规定的伦理价值而积极抵抗邪恶的力量而牺牲自己，这些都是被社会称赞的。

这是我们作为人的道德义务，不仅要行善举，更不能向邪恶低头。

我必须在这里指出，善恶之间其实存在某些“灰色地带”。“善意的恶行”这种想法首先就是邪恶的，即它会产生有害的后果或带来风险，但在某些情况下，这种想法却变得如此有吸引力，以至于有的人明明知道后果还执意要去那么做，例如，绿林好汉劫富济贫，示威者破坏公共财产以显示自己在“伸张正义”。我相信道德目标只能通过道德手段来实现。相反，不正确的方法可能会使事态陷入僵局甚至走向恶性循环。

“邪恶的善举”则是另外一种更加危险的想法。然而这种想法却大行其道，极具迷惑性。它们展示出的前景会引诱我们匆忙地、不加批判地付诸实施，而不考虑实现这些愿景要付出多少代价或者这些愿景究竟能否实现。

这些想法所设定的目标从理论上来说是符合很高的道德标准的（如绝对的社会正义），然而如果付诸实施却会导致灾难或陷入困境。这些都是“笼统”的观念，借着“平等”的名义做着错误的事情——限制个人的创造力和主动性，甚至不接受个人的多样性。正是这些想法滋养了民粹主义和那些蛊惑人心的宣传。

我们可以在生活的方方面面，尤其是在政治和社会生活中找到无数“邪恶的善举”的例子，比如人人都赞成的教育改革、债务减免、提前到50岁退休等。即使在科学研究领域，也是如此，大量资金不加批判地花费在表面上崇高却显然不可行，或者预期的收益与所付出的成本完全不相称的目标上。

从伦理的层面来看意识和潜意识之间的关系也是件很有趣的事情。我一位不幸早早离开人世的以色列好友曾做过以下有趣的陈述：“只要你的行为符合犹太律法和诫命，你就是一个好的犹太人；你的想法在上帝眼中是无所谓的。”这与《马太福音》所传达的信息完全不同。《马太福音》谴责罪恶的行为，也同样谴责罪恶的思想：“若是你的右眼叫你跌倒，就剜出来丢掉”“若是右手叫你跌倒，就砍下来丢掉……”

这种差异曾经让我思索良久，我相信对于它的重要性我终于有了答案。对于基督徒来说，行善必须是一种自然的倾向，而不是一种义务，它必须是自动的、发自内心的。这是因为基督徒的良心滋养了他们的灵魂，基督徒行善就像呼吸一样容易，就像他们的心跳一样自然。你行善不仅仅是为了向上帝表明你在遵守他的律法。行善成为一种需要，而不是一种胁迫。它是人固有的一部分。

美国第 39 任总统吉米·卡特曾在竞选期间接受采访时掉进了记者设下的陷阱。当被问及他是否曾经欺骗过自己的妻子时，卡特回答说："我见过很多让人充满欲望的女人，我曾多次在心里通奸。"这激起了一片哗然，甚至引发了抗议的风暴。

有些强烈的欲望可以被挤压到潜意识里，不再需要用意志力去控制，例如你决定永久戒烟或决定成为素食主义者。这些我们通过意志力一次完成的自动拒绝机制简化了选择的游戏。在不同的情况下，这种过程可以使我们的生活变得更轻松或平淡。

信仰与教条主义

"科学家怎么可能会成为信徒呢？"有人曾问我。他刚好是个数学家，我就反问他："你知道数学为什么需要公理吗？"我说过，我的信仰涉及的问题超出了知识领域。信仰并不意味着我不接受科学方法。信仰是知识的补充，是一个人做到言行一致所必需的。他坚持认为，任何信仰都是一种偏见，而所有严谨的思想都自然而然地摆脱了偏见。

在这个时代，信仰的概念已经完全贬低。这很可能是因为几个世纪以来，人们给它增添了太多的污名，给它强加了许多本不属于它的东西。话又说回来，也可能是因为我们生活在一个把机会主义看作美德的时代。

一位生活在 20 世纪的法国政治家（他周旋于各种政治意识形

态而游刃有余，因此脱颖而出）曾开玩笑地说：“不是风向标在转，而是风在转！”

如果我们一开始就将某些信念当成信仰，那么我们就应该知道，获取知识的任何方法也不过是同样的套路——数学基于公理；任何科学理论的发展都基于假设，当然，这些假设不能与现实矛盾。

对伦理和精神价值的信仰可以被认为是一套信念，它们是一种无法直接验证的“公理”。但是，我们可以通过行为的结果来判断它们。甚至宗教信仰和由此而产生的实践也要通过个人经历来检验。每个人都有自己的一套形而上学，无论承认与否。

正如我解释过的，我们的大脑使用个人的价值尺度和相关规则作为评估需求与做出决定的知识。没有支撑点就无法构建逻辑结构。没有这样的支撑点，内心就会痛苦挣扎，会茫然不知所措。

因此，遵守伦理原则也是出于有效管理个人自由的实际需要。对于这种执着，我们可以赋予它纯粹的技术特征。

然而，我们所说的教条主义是完全不同的东西，与坚持伦理价值毫无关系。教条主义意味着给你的信念强加一些条条框框，这些条条框框是不可置疑、不容争辩的，甚至有时连信念都是强加给你的。我们必须充分尊重他人的信念，只要他们没有任何侵权行为或冒犯公众。因此，每个建立在法治基础上的社会都必须让宗教自由成为人们最基本的权利之一。

总之，我要说的是，拥有错误的信仰总比缺乏信仰和陷入矛盾心理要好。一个聪明、诚实的人会在实践中发现，坚持错误的信念会给他造成实际的麻烦，于是他会相应地修正这些错误。我们不能一成不变地看待问题。恪守道德和精神价值，以及对共同利益的信念并不是神圣启示的结果。它不是某人放在你脑子里，并永远停留在那里的东西。在人的活动、行为和关系——从最简单到最复杂，如政治、经济、社会——的动态的集体博弈中，每个人每天都可能会产生新的信念，而旧的信念可能会被抛弃，或者会受到威胁和挑战。

经济价值

与其他物种不同，人类的社会组织是基于合作-冲突的模式。经济学将人类行为看作特定的需求与有限的资源（具有替代用途）之间的一种关系。需求和资源通过市场机制进行匹配，而市场机制则通过供需双方的相互作用（它受消费者的行为趋势和制度的影响）动态地决定经济价值。

我们知道，人们对经济的研究在资本主义刚兴起的时候就已经开始了。而事实上，在人们理解和掌握经济规律之前，经济关系已经经历了许多变化。

起初，经济关系是由传统和宗教偏见决定的，它旨在维持社会和谐。例如，印度的种姓制度是为了使社会各个行业的发展取得平衡。古埃及和古代中国也采用了类似的阶级制度。把赚取利润作为唯一目的的想法在中世纪则是遭人唾弃的。而最近几个世纪以来，行会在城市生活中发挥着重要作用，各种行会为了保护其行业利益而扼杀了市场经济。

货币是人类智慧的结晶，是人类发明的最了不起的抽象概念之一。你获得的每一分钱都是对你未来能够拥有某种商品或服务的一份承诺。其他人会提供这些商品和服务，你可以用钱购买任何你需要的商品。因此，你可以确保你未来的消费和时间自由，但你却不能用钱购买未来（生命中的时间）。幸运的是，这是货币的根本局限。如果一个人可以购买生命，那将是一个噩梦般的世界，例如，把另一个人的生命计数器减为零，然后将时间添加到自己的生命中。

我想强调的是，经济博弈具有信息维度，这很重要。其中的道德和技术价值也都很重要。社会组织的有效性同样至关重要。 它取决于建立伦理价值的机制、交易的法律和监管框架、财富创造和再分配的过程，以及知识的管理和发展。

交易需要相互信任，以降低交易各方的风险，并实现严密、安全的通信（这目前是通过授权机构实现的）。通过计算机和电信设备进行的交易快速增长，这证实了以上观点。它否定了只强调交换的绝对物质性这种一元化的观点。

第一个银行系统是在十字军东征期间在西方出现的，随后犹太人将它发扬光大。由第三方机构促进和保证交易的顺利完成（第三方也因此而获利）对于商业和金融的发展至关重要。中央银行作为一个独立的权威机构，具有制定货币政策并监督银行机构的职能。

在未来，区块链技术的应用可以让交易双方在没有第三方担保的情况下进行交易。这可能威胁银行机构的存在，并促使银行放弃集中控制，除非银行主动采用区块链技术，特别是为了解决成本问题和复杂的运营挑战。

然而，如果缺乏中央仲裁和担保机构，会导致商业成本很高，也会使交易更容易遭受网络攻击。这也是为什么很难预测金融技术的未来。如果这些技术最终取代中央银行和控制机构，这不仅会在国际层面上严重影响交易组织，而且也将是走向更深层次全球化的重要一步。

自 20 世纪 80 年代中期以来，占主导地位的经济模式逐渐向被我们称为“新自由主义”的经济模式演变，我对此有一些想法，并打算以此作为结尾。生产部门希望“减少政府干预”的呼吁在西方世界引发了一系列大规模私有化改革，国家的职能被简化为纯粹的监管作用，只有这样，市场才能“自然”、平稳运作，至少在市场增长期是这样。

大多数国家不再拥有足够的财政资源和必要的驱动程序进行前瞻性干预。它们在特殊时期没有应对困难的“储备金”，必须通过国际市场借款来筹集资金。在我看来，这种刻意削弱国家干预的趋势会使得全球化进程和“民族国家”消失的进程加速。个别国家

（如俄罗斯）由于受到国家资本主义保护，可能会脱离这一趋势。

与此同时，由于市场开放和计算机革命，我们正在经历商业和金融关系的国际化、一体化。这使得谷歌、苹果、脸书、亚马逊和微软等拥有巨大经济实力与影响力的大型科技公司得以快速增长。这些企业在全球的规模巨大，使它们能够在纳税和遵守法律法规方面摆脱国家的控制。

比起要求宽松的社会关系和拒绝任何干预、限制，“新自由主义”的想法要更进一步。它鼓励竞争，制造不平等，减少社会服务。这一切都是成就市场的手段，但却会破坏集体结构，并滋养个人主义文化。

这导致人们对市场及自动化流程的盲目崇拜。经济学认为，一切社会现象都可以根据经济及其动态进行分析。只关注经济博弈而忽视个人与集体、人与自然、国家与民族之间的关系，会使人类深受其害。

新自由主义提出了一种由市场驱动世界发展的“控制论”愿景：效率是通过“经济机器”的自动交互实现的，这些“经济机器”交换信息并受利润驱动。新自由主义的倡导者之一哈耶克曾说过，市场是比人脑更强大的信息处理器——“市场被认为是比任何人的头脑都更强大的信息处理器，但其本质上也是根据大脑 / 计算的模式而设计的”[3]。

我不知道这种对市场的盲目崇拜会将人类带向何方。不过，我对结果并不乐观。

制度的作用

社会自诞生以来，就是以制度的存在为基础的。这些制度能够促进共同的价值体系，并通过明确的或隐含的规则来促进社会秩序的建设。明确的规则是规定个人和机构行为的法律、法规和制度框架。隐含的规则反映了社会环境的态度和道德标准。它们在明确的规则的实践中发挥着重要作用。一个典型的例子就是在拉美国家贯彻美国《宪法》的尝试，由于社会环境不同，这样的尝试以失败告终。

通过明确的和隐含的规则，制度在很大程度上定义了一个社会的价值尺度：什么是真实的或不可信的，什么是对的或错的，什么是合法的或非法的，什么是好的或坏的。这些规则是在漫长的历史进程中根据社会和政治条件逐渐发展起来的，也同时给社会带来平衡和稳定。这些规则的正常运作并适应不断变化的情况对于社会系统的存续来说至关重要。

对于每个行动领域——经济、政治、法律、教育、军事、认知论、伦理、宗教、美学等——都有相应的制度来定义和促进特定的目标和价值观，这些目标和价值观共同作用，以构建社会秩序并实现一些符合共同利益的理念。

在原始社会和古代社会，社会群体的规模相对较小，个人之间的互动占主要地位。不当的行为会给肇事者及其家人带来耻辱。这种关系在雅典等民主国家仍然必不可少，但随着城邦的消失以及后来帝国的建立（如亚历山大大帝的马其顿王国、罗马帝国等），这种关系就彻底消失了。

在现代社会中，国家有责任更新和调整现有的制度，制定愿景，并通过制定促进经济增长和繁荣的政策来保障整个社会的未来。

制度增强了社会的凝聚力，促进了社会的协同作用，而且在很大程度上塑造了舆论。世界经济状况如何？一个国家的教育系统如何运作？人工智能危险吗？ 我们如何应对气候变化？疫苗危险吗？如果危险，危害有多大？

由于错误信息或公众被误导而导致决策层做出错误的决定并造成毁灭性后果，这样的例子历史上比比皆是。

而现在，我们看到，国家机构和国际组织在很大程度上是无力应对当前情况的，这便是当下的价值观危机。

一个明显的例子是，联合国以及世界卫生组织未能从共同利益的角度对各种危机做出有效反应。与此同时，科学技术的飞速发展让一些人相信，我们将生活在一个越来越美好、越来越可控的世界里。然而，单靠科学技术的进步并不能保证人类社会能够适应并有效应对新出现的挑战（这些挑战包括应用越来越广泛的自动化系统、人口过剩、流行病和气候变化）。国际合作和有效力的国际机构的存在比以往任何时候都显得更有必要。

贬值与衰退

一个社会是如何被“判定死亡”的？国家、文明和帝国是如何消失的？一个社会又是如何分裂成一盘散沙的？在一个分裂的社会里，人们受欲望驱使，不再有内在的凝聚力，很快就会成为其他心怀恶意的人或组织的猎物。

有许多社会衰落和崩溃的例子，而这往往并不是由外部风险或经济危机导致的，而是因为它们已经不能再作为一个连贯的社会群体而发挥作用。一个典型的例子是罗马帝国的衰落，其本质原因就在于伦理价值的危机以及作为帝国基础的价值体系逐渐退化。

一个社会要想运转良好，必须有一个一致的、共同的价值尺度来形成强大的凝聚力，从而让个人愿意牺牲一部分自由来实现共同目标。

而每一次社会危机，都是社会各个领域共同价值体系贬值的结果。要理解各个领域之间如何相互影响并不容易。贬值是普遍衰退的结果，是既定价值与新兴价值之间不匹配的结果。当然，当新兴价值构成强有力的变革愿景（如法国大革命）的基础时，危机的解决可能会取得丰硕成果，但这种情况很少见。

更常见的情形是，一些具有增长和繁荣条件的国家逐渐走向衰落，并深深陷入经济和政治危机。一个典型的例子就是阿根廷，这个自然资源极其丰富的国家在 20 世纪上半叶经历了一段可与发达国家相媲美的繁荣和增长的特殊时期。但在此后，它的危机接踵而至，随后便陷入了连续不断的恶性循环。

类似的情况或多或少地表明，影响社会、政治组织、机构运作和人们文化水平的因素，要比物质财富这个因素重要得多。许多欠发达国家本身具备进步和繁荣的物质条件，但过度强调“经济决定论”却导致社会的失败。

比经济资源更为重要的因素是，社会作为一个连贯的（信息）系统，能够针对现实目标有效地将社会的创造力聚集在一起，并按步骤实现这些目标。

语言的衰落：概念的退化

当语言和概念退化时，价值观就开始崩塌。

作为最有价值的公共物品之一，语言（及概念）承载着我们的知识和共识。当词语失去其共同的概念价值时，它们就像一种无用的、伪造的、贬值的货币。社会作为一个整体发挥作用的能力便开始退化，它的凝聚力会被一种反对严谨、寻求模糊的氛围侵蚀。严谨思考和清晰表达的规则与标准消失了。清晰的语言营造了信任和诚实的氛围，而含糊不清则为违规和谎言敞开了大门。

几十年来，社会上一直存在一股贬低传统价值的趋势，因此，赋予这些传统价值以意义的词语也横遭牵连。例如在一些西方国家，谈论一个人的“民族”或“祖国”会引起其他人的排斥，因为大家会认为“民族”与“社会”是对立的意识形态。当然，有人可能会说在过去有人曾操纵“祖国”和“民族”这样的概念来满足自己的野心，所以我们应该摒弃这些概念。但是，我们真的应该这样想吗？在一个健康的社会里，我们不应该因为曾经有人滥用这些概念，就直接抛弃它们，因为没有这些概念，我们就无法正确地理解过去和现在。人们应该做的是将这些概念上的“污点”清除掉，让它们能够在集体良心中传递下去。这是人们维护社会正常运作，防止社会退化所必须做的。

在 20 世纪，我们见证了“科学”、“智力”、“政治”和“意识形态”等词语是怎么一步步退化贬值的。在 20 世纪 60 年代，当我还是一名学生时，许多年轻人都梦想成为科学家，因为那时候科学有着至高无上的地位。科学意味着拯救，它传递知识，也会改变人们的生活。那时的年轻人也相信善的价值，他们梦想着社会正义以及国家更美好的未来。但这幅图景在 20 世纪 70 年代后发生了变化，滥用科学成果、环境污染、气候变化、失业和贫困都直接影响了科学的声望。

另一方面，概念的退化也伴随着新概念的出现。乔治·奥威尔写道：“如果思想腐蚀语言，那么语言也会腐蚀思想。”社会上的“术语设计综合征”变得越来越严重，许多具有“负面含义”的词被其他更中性或“政治正确”的词取代。为了符合政治正确，“盲人”被改为“视力障碍人士”。

“木语”[①]（wooden language）综合征是众所周知的，尤其是在政治领域，这使得人们很难找到共同点，因此也就很难相互理解。这种语言是危险的，因为它具有误导性：说一件事也可能意味着另一件事，空话连篇，营造出一种既自满又吸引人的模棱两可的氛围。美联储前主席艾伦·格林斯潘的讲话就是这样的代表，他会讽刺地说：“我想我应该提醒你们，如果你们觉得我的意思特别清楚，那么你可能误解了我说的话。”

当一个概念消失或被另一个概念取代时，我们构想现实的方式就会发生变化。通过创造新词或删除一些词语来控制和塑造语言并最终控制思想，这是完全可能的。因此，“失败”这个带有负面含义的词就变成“战术撤退”或“机动防御战”。当经济危机来临时，我们会进入“负增长”“经济收缩”“现代化形势变得严峻”的时期。

近年来，我们看到有人试图以政治正确的名义进行奥威尔式的重新设计。有人告诉我们，为了创造一个没有不平等、没有社会不公的美好世界，我们必须“清理”掉历史、科学和技术中的一些信息，因为它们可能会伤害或侮辱生活在社会边缘的人。因此，他们建议，在授课的时候应该禁止提及阿基米德、牛顿、薛定谔或居

① 木语指使用含糊不清、模棱两可、抽象或浮夸的词语来转移大众对关键问题的注意力。——译者注

里等科学巨人。他们还告诉我们，现行的课程及教学方式必须改变，要体现更多的“多样性”、“公平性”和“包容性”，请见本章第四条参考文献中的示例。[4] 这些人之所以被反对，原因各不相同，有的是因为坚信白人优越，有的则因为生活在特定的地点和时期（如奴隶社会、殖民主义时期、法西斯当政时期、革命时期、世界大战期间等），他们却做出了“错误”的选择。

无论这场运动的动机是出于天真的理想主义，还是为了谋取政治私利，这都是利用美好的情操来做危险的交易。这场运动口口声声号称要追求更广泛的正义，但它的实际目的是毁灭传统的价值观，而且它对纠正社会不公正现象没有起到一点作用。这是一种“向下看齐”的洗脑运动，目的就是改变我们社会系统的核心价值观，比如尊重个人价值和追求卓越的精神。

只有极权主义政权才会对人民实施审查制度和道德绑架，以保护其统治集团的利益。语言是人类用于思考和交流的最宝贵的工具，我们有义务捍卫语言的纯洁。

偷换概念或者排斥某些概念，自我审查，利用某些技术进行语言的控制等手段都可以潜移默化地改变我们的“思维软件”，就像通过无线传输对系统软件进行修改一样。

谎言的循环

谎言是社会衰落和个人道德沦丧的标志。当然，我指的是破坏性的谎言，而不是为了避免冒犯或激怒他人而说的善意的谎言。

最常见的谎言类型是“口头上”的谎言，即你有意识地说出与你所知道或所相信的东西不同的话。例如，你知道某些东西是“白色的”，但却故意说它是“灰色的”或“黑色的”。

另一种类型的谎言是“实践上”的谎言，即你的行为没有达到承诺。你可能承诺会采取降价措施，结果却正好相反；你可能承诺会举行公投，托词是为了增加国家的谈判筹码，而实际上你只是为了缓和局势才举行公投。

然而，还有另一种更加危险和狡猾的谎言——系统性谎言。虽然前两种类型的谎言是有意识的，但第三种类型的谎言是通过某种自动机制融入那些逻辑混乱的说谎者身体的。这就是我们所说的“自欺欺人”。也就是说，我们或多或少会自动接受一些完全错误的东西，而当你冷静而理性地检查它们时，就会发现这些错误。这种谎言会让我们着迷并引诱我们产生不切实际的、乌托邦式的冲动。在我们的童年和青少年时期都有过这样的经历。人们渴望实现愿望，于是就有人投其所好，创造一个乌托邦式的假想，这对许多人来说是最“惠而不费”的“神话”。

我想在这里讨论的是，这种谎言为何在我们的集体良知中得以生长蔓延，以及这种谎言会造成什么灾难性后果。在一个健康的民主国家里，说假话的人是会立即遭到所有人排斥的。一个国家的衰落便始于其人民对谎言的容忍。无数例子表明，如果系统性谎言得以大行其道，那么基于理性和道德的辩论或批评就没有生存的土壤。

我已经解释过，许多心理功能是自动的。心理规则以及我们应用心理规则的方式是通过由潜意识控制的学习过程形成的。我们使用概念的方式决定了概念的含义。如果在实践中你总是撒谎或者表现得模棱两可，它就会成为你的第二天性。如果概念的含义不明确，那么思维的坐标就会变得模糊。结果，词语原有的概念会随着人们对词语的操弄而消失或扩展。

系统性的谎言直接导致了相对主义，这是一种在社会衰落过程中占据至高位置的意识形态。通过歪曲和模糊真相，系统性的谎言催生了歧义，破坏了信任关系，压抑了社会中的所有创造性。我无法理解“模棱两可”怎么可能会诞生出“创意”。不过它确实有助于“搅浑水”，故意在合同中运用模棱两可的措辞来掩饰其不合理性。

有些人喜欢用所谓的“建设性歧义”，这是把争执中的棘手问题模糊、混淆，以使分歧各方达成妥协的一种方式。然而，不应把这种“歧义”与第 3 章“分层：抽象的层次结构”小节讨论的“抽象”相混淆。与歧义不同，抽象是一种绝对的创造性行为，是一种用“过滤器”来分解复杂问题的整体性方法。把歧义跟抽象相混淆就好比把鸡爪印当成抽象画一样荒谬可笑。

当一个人“系统性地撒谎”时，他会有意识地创造出一些“神话般的叙述”来解释和证明他的观点。这种“搪塞综合征”的例子有很多，他们的目的是减轻自己的罪恶感并为谋取自身利益的行为披上优越的外衣。种族主义是基于“某些种族具有优越性”的理论；而宗教裁判所的野蛮行径则来自“火能净化灵魂”的说辞。他们会为自己不宽容的态度辩护，声称自己是一个纯洁的人，因此他们的对手都是腐败的，是叛徒或同流合污者。

系统性的谎言扭曲了语言，使语言脱离了现实，失去了创造力和塑造共同愿景的作用。系统性的谎言不能通过有目的的行动来实现。它是空洞的、毫无意义的、无聊的，有时甚至是危险的。

系统性的谎言麻痹了人们的道德观念，蒙蔽了人们的眼睛，使人们无法清醒地看待现实。现在的人变得越发相信脱离现实的“神话”了。

谎言会带来“劣币驱逐良币”的后果，最终排挤掉任何现实的做法而成为主流。

让我以一个故事作为结束：一个孙子经常奉承他的老祖父，老祖父很感动并给了他一些零花钱。一天，这个小男孩夸奖得太过分了，以致他的祖父生气地抱怨起来，他对孙子说：“我知道你在说谎，该死，但我能怎么办，我喜欢听这些该死的谎言。”当我们学会了与谎言共存，就再也离不开它了。

自我满足和自尊的缺失

你有没有想过，如果你的每一个心血来潮的欲望都会有一个仆人来帮你实现，你的生活会是什么样子。如果你没有障碍，没有困难，不费吹灰之力就能心想事成，你会感到满足吗？

如果人类出生在一个没有逆境的世界里，我们肯定不会比植物更聪明。甚至，我们的幸福感会比植物还低，因为植物至少要为生存而挣扎。

我们生活在一个偶像崇拜的时代。我们不相信自己的力量；我们认为任何精神上的追求都是不必要的，我们将救赎的希望完全寄托在物质财富和转瞬即逝的事物上。我们看到了自我和自尊退化的征兆。我们寻求外界支持，因为我们缺乏道德上的力量和毅力。

土著曾经崇拜征服者，因为这些征服者拥有能够发出巨响的枪炮，这让他们想起闪电和雷鸣——这是他们的神的符号。后来，出现了比人类移动得更快的汽车，整个社会就为之痴迷。今天，我们拥有比人类能更快解决问题的计算机，人们就开始迷信计算机的力量。我们如此迷信科技，却没有想过，如果没有人，没有人类的创造力，那么汽车、武器和计算机就都不会出现。

20 世纪 70 年代之后，社会对实现高难度目标的努力表现出了高度的敏感。每个人都在谈论保护个人的权利，谈论“没有压迫”，谈论避免压力。很少有人还记得有“义务”一词——“没有付出，就没有收获”。于是，我们看到许多欧洲国家的政策倾向于宽松的教育计划，这样“可怜的孩子们”就不会受苦，不会经历创痛，最重要的是，他们知道主张自己的权利。所有这些煽动行为都是在国家、教育工会和家长的许可下进行的。

面对挑战时不愿意付出努力，马马虎虎、得过且过已经成为人们的共识。没有人关心未来。曾经在完成任务时所需要的严格、精确的质量标准也逐渐被人们抛弃。

人们只想听到好消息。大家对重要的问题视而不见，因为人们已经承受太多重负，已经被日常琐事和现代生活的紧迫感压得喘不过气。让我们积极面对一切，停止抱怨，去关心公众事务吧，哪怕这些问题永远都无法解决。

在这种恶性循环中，只有个人的、此时此刻的愿望才重要。人们总是觉得一代不如一代，他们缺乏远见，回避困难，对问题视而不见。这会导致社会充满倦怠，对未来不抱任何希望。相比之下，充满活力的社会会设定愿景，并为未来做好准备，即使这意味着“剥削”。

在新冠肺炎大流行稍有缓和时，我便看到人们的自我意识开始增强，尤其是年轻人，他们公开地、无耻地将自己的娱乐需求置于公共卫生安全和共同利益之上。

我也对决策者和媒体所表现出的具有煽动性的“理解”感到惊诧与悲哀：“我们理解，他们是一群想要开心玩乐的年轻人。”就好像度过一个没有各种狂欢派对（我们这一代人在20世纪60年代还年轻的时候就是在各种狂欢派对中度过夏天的）的夏天是令人难以忍受的折磨一样。

总之，我想说，这种价值层次的坍塌伴随着对概念及概念之间的关系的重新定义——哪怕你再有良知，也需要为这些人不遵守规则和他们的反社会行为找理由。一种十分常见的态度是缺乏责任感，他们的借口是“责任全在别人”，或者是“我们无法控制大环境”。

这种不负责任的态度是因为没有制度的约束，缺乏完善的控制和评估机制。它导致社会的道德原则的“效用”遭受实际挑战，并使得社会为实现更高目标所做的努力付诸东流。

白痴的胜利

社会衰落的一个特征是平庸的人物在公共生活中大行其道。

很明显，价值观的丧失和不公正是培养白痴的土壤，它阻断了有能力的人获得上升的机会。在一个衰落的社会系统中，白痴的盛行是必然的。一个有能力的好人会避开这样的社会系统，去寻求一个认可自己价值观、对自己的能力充满信心的社会系统。另一方面，理解能力和处事能力低下的人会寻求融入松散的社会系统，因为它为违规行为留下了空间，并且整个社会对这些违规行为的警惕性不高。

什么是白痴？就是无法理解现实，无法正确解释现实情况，无法将现实与行动联系起来的人。

需要注意的是，这种无能与一个人的知识和文化水平无关，甚至与他们的智商无关。

在所有的地方、所有的社会组织层面上都有各种各样的白痴。他们在社会组织中往往占大多数，而且往往发挥相当重要的作用，他们就像镇流器一样，会在系统中产生阻力，使得系统对突发事件变得不那么敏感。

在这里，我想谈谈一类危险的白痴，之所以说他们危险，是因为他们成功地成为精英体系的一部分，并掌握着一个国家的政治、军事和经济权力。

一个著名的故事是法国国王路易十六的王后玛丽·安托瓦内特。当得知法国人民正在挨饿，没有面包吃时，她回答说："让他们吃布莉欧[1]好了！"

我还记得一个笑话，讲的是一位年迈的、备受痛恨的独裁者临终前的故事。人们聚集在他的窗下，等着他的死讯来庆祝。独裁者听到人群喧闹的声音，惊讶地问道："为什么这么多人都在这里？"他得到的回答是："人们来向您告别，我的将军！"于是他问道："哦，他们要去哪里呀？"

根据国家和时代的不同，精英产生的方式也不同。在过去，特权几乎完全是世袭的。在当代民主国家，精英出自那些能吸引最优

---

① 即brioche，一种法式面包。事实上，玛丽并没有说过这句话。这句话的起源可能是革命者的编造，借以讽刺王室。这句话最早出现在卢梭的《忏悔录》中。——译者注

秀的年轻人的教育机构，例如美国的哈佛大学、哥伦比亚大学、耶鲁大学和普林斯顿大学。

在所有类型的白痴中，最有害的可能是那些甚至不知道发生了什么事情就登上了高位的人。如果你没有经过奋斗，不费吹灰之力就得到了某样东西，那么这件东西就不值得你珍视，而且通常你很快就会失去它。

在我的一生中，我对政治事务有一种天生的兴趣，尤其是法国的政治，因为我的出身，我大部分时间都生活在法国和希腊。我对各级决策者的无能感到震惊，尤其是，他们已经被证明在管理公共事务方面缺少能力，但居然还能在政治生活中混得如鱼得水，甚至能够享受其职业生涯带来的“辉煌成果”，很少有例外。

如果你是一个管理不善的杂货商，你的生意就会蒙受损失，很快就会从市场上消失。但如果你是一位乏善可陈的部长，你不仅不会面临销声匿迹的风险，而且在某些情况下，你甚至可能还会得到拔擢。这就是为什么政党团体和政府机构中有大量白痴。

当然，这种现象很普遍，而且会一直存在下去。每个组织中都有这种情况，而且它会随着危机的出现而加剧。即使在大型科技公司里，优秀的工程师也不会被安排到管理岗位上，而那些一无是处的人却会被提拔。有格言道，“管人的人升到了一个他们力所不及的水平”，看来这句话是很有道理的。

白痴天生就多疑，尤其是对那些在智力上超过他们的人。当他们遇到难以理解的事物时，他们会固执己见，甚至根本不理会对话者的意见。当我试图向无知的管理者解释那些需要投入一定精力的问题时，就经常遇到这种情况。

不信任别人的人也一定生性狡诈。聪明的人不会偷奸耍滑。他们言行正直，因为他们对自己的判断力和能力充满信心。

为了维护既得利益，“危险型白痴”会有一定的防御机制。首先，他们变得对所有人和事都不再信任，尤其是对超出他们理解力范围的事物，对聪明人的不信任尤甚，他们像避开瘟疫一样避开那些聪明人。与聪明人相处，无论多么短暂，对他们来说都是非常痛苦的。一个自然的反应就是以这样或那样的方式拒绝他们，以贬低或傲慢的行为来巩固自己。

白痴有一种保护自己的方式，就是只喜欢与白痴为伍，在工作或社交生活中与同样的白痴结成各种小团伙。身居要职的白痴永远不会聘请聪明的顾问。这导致整个系统都在保护和培养白痴，同时排斥任何不符合该系统逻辑的元素。

当问题涉及政治成本的时候，无知的部长们的典型反应是马上成立一个专家委员会来解决这个问题。通常的结果是，当部长任期结束时，委员会甚至都还没有得出任何结论。拿破仑时期的法国主教、政治家和外交家塔列朗曾说过一句名言：“什么都不做，但却做得非常好。”

不幸的是，白痴的盛行正是后工业社会中政治、经济和道德危机的征兆。它破坏了任人唯贤、精英治理的准则，而这正是民主的基础之一。关于精英治理的话题我将在后文进行讨论。

关于民主

政治制度的目标是确保公民的生活质量和社会的经济繁荣。经济增长不能和社会正义的要求相冲突，两者应互相促进和补充。社会正义具有伦理、实践和技术等维度。无论是形式上的还是实质上的，正义的缺失都是健康经济发展的一个长期障碍。如果一个国家的失业率很高，一部分人口只能勉强维持生计，那么不用说，它的经济表现不可能是最佳的。同样，没有经济进步的民主是乌托邦。如果没有财力，民意就是空壳，政治诉求就是空谈。

人们普遍认为，民主是一种能够实现以下两个目标的最佳制度：确保法律面前人人平等，并使每个公民都能实现自我（特别是在安全和繁荣的条件下，让人们创造和发展他们的个性）。

世上没有完美的民主。尽管有共同的形式特征，但民主的基本运作方式因社会和国家而异。产生这些差异的原因是公民对共同价值认可的程度不一样。总体而言，它的根源是制度的有效性。

民主规则不仅仅是表面形式上的，历史经验已经明确证明了这一点。我们已经见到过，民众如果只是根据形式上看似自由的、连续的选择来做出判断，很可能会让一个国家陷入灾难，例如，出现希特勒和墨索里尼这样的独裁统治者，或者像两次世界大战之间出现的严重经济和社会危机。

民主这种制度最初诞生在古希腊，并在古希腊得到了检验。它被认为是最优的制度，当然，是在某些条件下而言。这个条件就是古代的城邦制。这些城邦形成了一个个相对较小，但却结构良好的群体。城邦中的公民（个人）自愿放弃一部分个人自由，来服从共同的利益。反过来，城邦又为公民提供保护，使人们团结。至于在古希腊城邦制度下，个人与整个社会之间有怎样的关系，我就不在这里做进一步分析了。

雅典社会通过直接或间接的手段，对那些违反准则的公民实施严格的控制，以此来维护社会的凝聚力。有一些行为——我指的不是非法行为——在某种程度上可能会损害社会整体的凝聚力，并对政治系统的原则造成破坏。排外制度和对苏格拉底的迫害就是这种破坏的典型例子。另外，在雅典的民主制度下，统治者如果犯下错误是不会得到原谅的。

古希腊模式和随后的罗马公共事务模式开启了现代民主的进程。民主有两个基本原则。

首先是平等原则，它有三种形式：平等参与共同决策、法律面前人人平等和平等表达意见。

其次是任人唯贤，精英治理。也就是说，最适合、最有能力和价值的人才能被安排到负责人与决策人的位置。在这里，我必须澄清贤能与卓越之间的区别。卓越特指专业或科学领域的才能。贤能的人是指那些能够完成重要的社会或政治工作，并具有美德和技能的优秀人才。这种区别是很明显的。贤能的人不仅需要有管理公共事务的能力，也要有为公众利益做贡献的意愿。它不是获得文凭和资格就能说明问题的，而是要靠实践来进行检验。一位杰出的科学家或企业家可能因为超出其能力范围的原因，或者因为他更愿意做一个普通公民，或者因为他不那么热衷于公共事务，而不具备为公共事务做出贡献的贤能。

有贤能的人会在实践中得到提升和赞誉。当然，在卓越的人当中挑选贤能的人，按理说也是可行的。

在柏拉图的《理想国》（描述了一种基于公民分类的理想的社会等级组织形式）中可以找到关于精英治理的第一份记述。这个话题可以无限地展开下去，但我既不想做这样的分析，也觉得这样做并不适合。我只是想表明，只有平等是不够的，还要强调领导者和创造者在这样一个系统中的作用是多么重要。

我已经解释制度和价值在现代社会中的作用。当每个人都能负责任地、诚实地管理他们的自由时，民主制度就是一种完美的政府管理形式，否则，它将成为一场噩梦。

法律通常都规定了什么行为是被禁止的，并且规定了个人对其同胞和国家应承担的基本义务。然而，如果民众普遍丧失了责任感，当人们的良心被腐蚀时，民主的运作方式就不可能是可控的，也无法强加给所有人，而现实正是这样，除非有一个“监督者也受到监督”的制度。

民主的第一道也是最后一道防线就是公民的爱国主义精神和责任感。

精英的角色和领导者的作用

要想落实精英管理的原则，需要一个条件，即要有一个具有规划和控制的机构来建立权力系统的等级结构。

我想强调等级结构的重要性。这种结构可以使得信息管理既集中又有效。例如，在计算机网络中，由于技术原因，所有节点的决策都是等价的。这就是所谓的分布式系统，没有中央计算机对这些节点进行协调。在这样的系统中，用于协调而产生的计算成本（如为了达成某种共识）与集中式系统的计算成本相比而言是相当可观的。例如，区块链技术就使用分布式系统，这涉及大量的计算，因此完成交易需要消耗大量的能源成本。

革命和社会变革的动荡历史催生了如今被普遍接受的民主原则与民主结构。人们对这些民主原则或多或少都已经有所了解，这些原则也已体现在政府的组织形式上，至少在理论上，这些政府的组成形式是坚持“民主模式”的。问题的关键是这些民主原则是否得到了正确应用。要想成为一个成功的联邦，仅仅照搬瑞士的政治制度是不够的。民主结构的存在只是一个先决条件，起决定性作用的是公民的行为。

如果不考虑当前情况，没有长期的目标和相应的规划和组织，就不可能实现社会发展和繁荣。事实上，比社会目标更重要的是社会的愿景，即想要实现什么以及如何在遥远的未来生活。对于那些深谙政府运作方式的人来说，他们知道这样的愿景是无法通过轻松的“座谈会”形成的。

就我所生活过的国家而言，人们普遍认为，民主是靠“广泛参与”和“集体进程”这种抽象的方式来提供保证的。如果民主的本质确实是就共同利益的行动纲领取得广泛共识，并达成一致，那么这个纲领必须经过一个“有群众基础”的程序（通过全民会议和无处不在的工作组）。但我却看到这种蛊惑人心的方法往往以惨败告终。

这种想法只会导致混乱的、毫无逻辑性和连贯性的荒谬局面。由于政党、工会和其他关系，作为“基础”的每个成员似乎都拥有“一份权力”——他们可以利用这份权力来促成最终的选择，当然，同时也很好地捍卫自己的利益。于是，目标就变成一个大杂烩的产物，成为许多人愿望的总和，而不是那些贤能的人以严谨的方式制定的崇高而现实的愿景。

在我的一生中，我不得不参加各种级别的委员会和理事会，以制定政策和评估结构。这耗费了我无数个小时进行乏味的辩论，或承担一些苦差事，但收效甚微甚至完全适得其反。

这种模糊不清的“民主”概念，不承认领导人的关键作用，并假定每个人无论其资格和能力如何，都同样具备治理能力。不幸的是，政府中充斥着根据政党的标准或其他标准选出的白痴官员——尽管不难找到更合适的官员。这样的概念其实违反了民主原则——在选择提案时，所有意见都是同等重要的。因为制定提案时，必须保证它们在技术上是一致的，并且有助于实现为共同利益而制定的愿景。愿景不可能从无休止的讨论中涌现出来。它们是那些公认的具有创造力和领导力的人创造出来的。

在希腊语中，“demiourgos”（意思是“创造者”或“制造者”，是英语单词 demiurge 的词根）这个词是 demos（作为一个政治单位的民主国家的民众）和 érgon（工作）的复合词，它最初是指从事某种职业的人。后来，这个词用来指从事“公益”工作的人。这是许多古代城邦授予负责组织公共事务的官员的头衔。最后，在柏拉图的哲学中，这个词的意思是指世界的创造者或缔造者。

当然，这就引出了下面的问题：领导人是如何产生的？我们如何把合适的人放在合适的位置上？我的答案是，问题不在于如何找到这些人，而在于如何说服他们参与公共事务。有些有贤能的人能够并且愿意为共同利益做出贡献，但是必须向他们提供保证——他们的意见将得到尊重，他们的名字不会被用于谋取私利。

人们普遍认为，为某个职位选择决策者的过程越广泛，结果就越好。但这是另一个愚蠢的标准，它忽视了事情的本质，即对所需资格的明确定义和对候选人的公正评估。

有时，我会做一些粗略的民意调查，看看人们认为谁是希腊和法国这两个国家里最适合执政的人。我发现民众有着惊人的共识。任何人都看得出，某人不容易接受新事物，某人容易接受建议，而某人不想冒险去做一些有意义的事情。换句话说，你不需要千里眼就能知道这些情况。也许有人会问，如果真是这么简单，那为什么政府里有才有德的人那么罕见呢？

这个问题的答案也很简单。首先，没有一个政党有足够多的有价值的人来组建一个好政府；其次，政党的性质决定了它必须为一切“潮流”服务，这就不可避免地包括愚昧、腐败等。执政的多数派领导人通常知道他们没有贤能的合作伙伴，但他们别无选择。

要想找到贤能的人，有一种方法是首先不要选择那些明显不配的人，因为他们不能同时满足以下两个要求：诚信以及公认的能力。这样的排除法使选择变得更加简单。幸运的是，贤能的人仍然存在；但不幸的是，他们远离公共事务。

20 世纪 70 年代初期，我住在法国，那时的我年轻又激进。戴高乐给我留下了深刻印象，尽管我肤浅地把他看作一个“保守派”。这位将军之所以出名，是因为他对法国人一点儿都不留情面。当他在电视上向国民发表讲话时，他会直言不讳，并不考虑什么政治代价。他曾在第二次世界大战期间领导法国抵抗纳粹德国，为法国的解放奠定了基础，同时他也提出了法国的非殖民化和发展自己的工业和军事力量的愿景。作为一名研究人员，我有机会与法国著名的物理学家进行对话，并亲身了解戴高乐是如何使法国成为核大国的。他不仅无视法国盟友的反应，而且也不在乎国内大多数政治机构的反对，秘密制造了法国的第一颗原子弹。我的意思是，一小撮开明的、贤能的人的行动可以改变一个国家的历史进程。

我想强调人的因素在创造、设想和规划未来方面的作用。

在西方民主国家，愿景是由承担制度角色的组织团体（如游说团体、智囊团、研究机构和学术机构）制定的。无论什么人在什么时候掌权，国家的主要政策都是不变的。美国、中国、德国和国际政治舞台上的许多主要参与者，如以色列、印度、日本和韩国，都是这种情况。我们可以批评它们做出决策的方式，这些决策对谁更有利，等等，但是有远见和有计划总比自暴自弃或慵懒怠惰好。

在德国，当人们意识到国家的未来受到威胁时，眼前的冲突就会平息。例如施罗德的社会民主党政府为了应对迫在眉睫的危机，采取了严格的紧缩措施，而并没有考虑这样做可能给自己带来的政治代价。在德国，汽车工业、化学工业和生产自动化等行业是其工业实力的基础与体现。行业代表和研究机构在确定每个部门的优先事项方面发挥关键作用。他们与每届德国政府合作开发创新项目，例如电动汽车或开发新能源。同时，非营利性组织、智库、专家，以及新闻媒体机构等，也都很有话语权。

我记得在过去的法国，《世界报》上只要发表一篇批评法国政府或为国家的外交政策提供指导的文章，都会在国内产生很重要的影响。

我们再来说说美国，其各个领域的战略是如何形成的？它的系统里有游说团体这个角色。这些游说团体提出建议，有时会独立于联邦政府采取行动。美国的技术霸权及其支持战略是由机构通过团体讨论 / 争辩形成的，在这些团体讨论 / 争辩中，军方、商界、学术界、银行家等都有代表，并且在任何时候都有自己相对独立的政治背景。

当然，我也可以谈谈其他国家，比如中国，它有一个集中的计划模式，有明确的优先事项，会动员所有需要的资源来实现国家富强和维持经济增长的目标。

最后，我想再次强调一下：人们对民主的理解是扭曲的，它强调民意的作用，却忽略了领导人和创造者对于国家正常运作所起到的重要作用。

套用爱因斯坦的一句著名格言来说就是："没有贤能政治的民主就像盲人，没有平等的民主就像瘸子。"[①]

腐败和官僚主义

现代民主制度最大的祸害是官僚主义。在这种官僚主义体制中，

---

① 爱因斯坦的原话是"没有宗教的科学就像瘸子，没有科学的宗教就像盲人"，出自商务印书馆《爱因斯坦文集》第三卷。——译者注

最重要的政治和行政决策都是由指定的国家官员做出的。官僚主义行政制度起源于古埃及和古代中国，目的是实现行政结构的自我管控。它增加了程序的复杂性，会造成国家管理效率低下。今天，它被认为是当权者无知和腐败的表现。

在有的情况下，官僚主义可能是为了一己之私而干扰政府的正常运行，甚至危及个人自由。它可以掩盖某些人处理公共事务的无能，也可以为那些利益集团编织一张腐败的网络。

对于一个不称职的行政长官来说，最大的问题是如何既在棘手的问题上做出决定，又要保证不丢了乌纱帽。政府如果不想解决问题，就会组建一些新的部门，成立一些委员会来编写长篇大论的报告。这将拖延处理问题的时间并让那些寻求解决方案的人产生依赖关系。

在腐败的政权统治下，庞大且组织不善的行政机构会在每一级提供服务时都索取一定的通行费，这严重妨碍了正常运行。自相矛盾的是，官僚机构索取费用的借口往往是“为了确保更好和更有效地服务群众”。然而，就算有人相信这些鬼话，我们也应该认识到，如果做出决策的时间太迟或决策过程的成本过高，那么即使是最好的决策，也是无效的。

在许多情况下，成立的委员会（特别是人数众多的委员会，以及他们自称是具有“代表性”的委员会）与工会组织等，会被看作严肃和质量的保证。但这显然是一个可悲的误解，大型委员会绝对会对创造力和效率产生负面影响。多数人适合对制定好的提案进行指正，但如果让许多人一起来提出一个合适的提案，显然是不可能完成的。创造是一种孤独的行为，创造者只有专注于自我，调动自己的聪明才智和知识储备分析问题，才能提出真正有益的解决方案。

官僚机构通常会向专家和非专家发出命令，要求他们提供长篇的分析报告，美其名曰是为了帮助解决问题。但我见过太多这样的所谓“著作”了，它们常常要么是老生常谈，要么文笔拙劣，根本就是言之无物。

在我作为研究员的职业生涯中，偶尔担任管理研究和创新的行政职位，我有机会得以研究那些花巨资请咨询公司做出的相关分析报告。我发现它们通常都很肤浅。这些报告描述的都是大家已知的情况，得出的结论也是显而易见、毫无新意的。分析师永远不会冒着失去付费客户的风险，而说出那些可能冒犯他们金主的重要事实。

我经历过很多官僚主义的场景。

一个典型例子就是欧盟委员会，其结构的复杂性简直可以与其法规的复杂性相“媲美”。按理说，欧盟委员会的长期目标是保障欧盟成员国遵守欧盟法律并妥善管理欧洲基金。然而，每个人都忽视了一点，只有当审计过程的成本与所管理的资源相匹配的情况下，设置控制机制才有意义。

我所见到的是，为了鸡毛蒜皮的小事却要走无穷无尽的审计流程。有一种粗暴简单的方法可以实现用较低的成本达成所需的管理目标，即在任何情况下对于违规者都处以最严厉的惩罚。所要做的只是根据各成员国应履行的义务和承诺制定出简单规则，这样就可以减少审计员数量并加强控制。对于这个异常简单的办法，欧盟的官员们却视而不见。

我们还没有完全理解人类互动的信息本质。我记得在小学时，老师用下面的例子来教我们反比的关系："10 个人翻一块地需要 10 天时间。问 20 个人翻同一块地需要多少天？"答案是 5 天的前提在于 20 个人可以并行且独立工作，相互之间没有影响。但同样的问题，如果涉及协同工作，例如由一组工程师编写软件程序，这样的比例关系将变得毫无意义。如果协调不力，可能工程师越多，完成工作所需的时间越长。[5]

合作是有成本的，我们需要证明生产所得到的质量和收益是大于协调生产所投入的成本。

在解决问题的时候，虽然我可以增加用于解决问题的计算机数量，但是解决问题的速度却不一定会随着计算机数量的增加而同比例增加。事实上，当计算机数量超过某个阈值时，解决问题的速度可能就不会再有任何增长了。这就是我们所谓的"不可扩展性"。

发生在计算机上的事情在很大程度上也会发生在人身上，而且这个问题由于人们可能表现出自私的行为而变得更加微妙，这会使合作的游戏变得更加复杂。

当权者有一种自然而然的倾向，即利用自己的一部分权力来维持他们在体制内的地位。反对官僚主义必须是每个民主国家始终关注的问题。

结语

这本书是我多年来思考的结晶，它源自我天生的好奇心，特别是对那些还没有找到满意答案的重大问题的关注。在这个探索的过程中，我在应用逻辑方面的基础背景，以及我作为计算机科学家和工程师所拥有的专业知识起到了很大的作用。我一直牢牢地遵循一个规则：区分出那些我可以自信地谈论的内容，并尽可能明确地划定相关知识的边界。

这就是为什么我首先关心的是明确哪些大问题是可以以理性的方式进行研究的，哪些问题不能。我发现，它们之间确实有一个非常明确的区别（这些区别是源自问题的逻辑性质），每个人都应该理解这个区别。这可以明显地减少那些打着科学的旗号进行的关于本体论或目的论的无聊讨论。

因此，我的目标是研究与知识发展（尤其是科学知识）和知识应用（尤其是技术知识）相关的知识学问题，并将知识表征为信息，将它与信息学和计算机直接联系起来。

我已经解释过，信息是一种独立于物质世界物质和能量的实体。本书的框架是基于二元论的世界观：一方面是物理世界，另一方面是作为人类思维创造的信息和知识。这种方法超越了将物质和能量看作基本实体，而将信息视作物质涌现出的属性这种观点的局限。我们怎么可能只通过研究物理现象就能理解我们思维的本质呢？

二元论的观点有助于我们理解科学和技术知识发展过程中紧密的相互关系。不幸的是，我们过分强调科学的重要性，而忽视了技术知识。人们普遍认为，我们的教育过于强调通过死记硬背来积累知识，而没有适当考虑知识的应用和创造力的培养。

我将信息学与物理学、生物学和数学等关键知识领域并列，这些领域为所有其他领域提供了基本认知工具。

自然语言和非自然语言为我们提供了一个“工具箱”，我们可以用来描述观察到的事物并帮助我们理解这个世界。我已经解释过，我们将复杂现象进行还原的方法是有局限性的，忽视这些局限性会导致过度的乐观和过高的期望。我已经分析了现象的可预测性和构建一个产品的复杂性。由于计算机的使用，我们可以克服某些障碍并拓宽知识面。

自然智能和人工智能之间的关系是一个非常热门的话题，特别是在机器学习技术的出现并被广泛用于开发智能系统以后。未来，自主系统和人类对自主系统的控制之间该如何取得平衡？这取决于技术的进步，也取决于社会做出的政治选择，以避免因无所不在的自动化而导致的决策异化。

我们可以将关键的资源和服务完全交由机器来自主管理吗？有一件事是肯定的：在智人之后，我们将看到一个新的物种，在计算机的辅助下，他们有更多的可能性来控制和改变这个世界。智人制造的工具可以成倍地增加他们的肌肉力量，并创造人工制品。然而问题是，这种智力的“繁荣”是否会伴随着集体意识的管理而发展。

信息学为比较人类智能和人工智能之间的区别并揭示它们之间可能产生的协同作用提供了理论基础。对于意识和如何管理自由的问题，我提出了一个比较“机械”的观点，这种观点强调了理解心理功能以及用机器模拟心理功能的复杂性。它引发了人们对人类社会行为的研究，人类社会行为不仅由物质决定，而且主要是由信息和通信等因素决定。

我试图通过分析价值形成的机制、创造和重新分配资源的过程、知识的管理与发展来展示社会组织的信息特征。社会的衰落可以理解为结构和制度的衰弱。在这些社会结构和制度中会形成一个稳定的、普遍接受的价值体系，并确保信息和知识能够有效、安全流通。

根据计算理论，我们可以对组织原则有更深刻的理解。基于精英管理的金字塔式的组织结构是唯一能够有效进行社会规划的组织形式，它能够让最有才华的创造者为未来制定愿景，提出建议，并让公众来做出评判。

当所有公民都有平等的机会做出明智选择，都平等享有攀登金字塔的机会时，平等才具有完整的意义。任人唯贤并没有推翻平等的理念，相反，它使平等变得更有意义。

在撰写本书时，我始终强调技术性的方法，同时我也试图解释这种方法的局限性。我毫不怀疑，新的知识会让人们在这场理解和改变世界的探索中取得进步。

但是，我们也需要保持谨慎。正如飞机不是鸟一样，计算机也不等同于人的大脑。

我很难想象人类创造的作品怎么可能具有超越其创作者的智慧。然而，创作者有可能最终被他们的作品主宰——要么是由于无法管理它们的复杂性，要么是由于智力上的懒惰和想要从负责任选择的负担中解脱出来的倾向。这是一个可怕的场景，此刻，我宁愿不去想象它。

参考文献

第 2 章

1. https://en.wikipedia.org/wiki/Edsger_W._Dijkstra.
2. The Blind Watchmaker, Richard Dawkins, 2015.
3. “Brain could exist outside body-Stephen Hawking”, The Guardian, Sept 23, 2013.
4. https://en.wikipedia.org/wiki/Information_theory.
5. https://mashimo.wordpress.com/2013/03/12/bertrand-russells-inductivist-turkey/.
6. https://www.reuters.com/article/us-britain-hawking-idUSTRE6811FN20100902 (accessed on 08/01/22).
7. https://en.wikipedia.org/wiki/Next_Generation_Air_Transportation_System#History.
8. https://www.standishgroup.com/sample_research_files/CHAOSReport2015-Final.pdf.
9. https://www.lexico.com/definition/science.

第 3 章

1. https://en.wikiquote.org/wiki/Ludwig_Wittgenstein.
2. https://www.nobelprize.org/prizes/economic-sciences/1974/hayek/lecture/.

3. https://en.wikipedia.org/w https://en.wikipedia.org/wiki/Human_Brain_Project iki/Human_Brain_Project.
4. https://www.tkm.kit.edu/downloads/TKM1_2011_more_is_different_PWA.pdf.
5. https://en.wikipedia.org/wiki/Streetlight_effect.
6. https://en.wikipedia.org/wiki/The_Limits_to_Growth.
7. https://en.wikipedia.org/wiki/Strategic_Defense_Initiative.
8. https://home.cern/about/who-we-are/our-mission (accessed on 08/01/22).

第4章

1. https://en.wikipedia.org/wiki/Digital_physics.
2. https://writings.stephenwolfram.com/2017/05/a-new-kind-of-science-a-15-year-view/.
3. https://en.wikipedia.org/wiki/Conway%27s_Game_of_Life.
4. http://research.physics.illinois.edu/DeMarco/images/feynman.pdf.

第5章

1. https://en.wikipedia.org/wiki/Thinking,_Fast_and_Slow.
2. https://en.wikipedia.org/wiki/History_of_artificial_intelligence.
3. https://en.wikipedia.org/wiki/Correlation_does_not_imply_causation.
4. https://en.wikipedia.org/wiki/Technological_singularity.
5. https://en.wikipedia.org/wiki/Boiling_frog.
6. https://en.wikipedia.org/wiki/Reputation_system.

第7章

1. https://en.wikipedia.org/wiki/Precautionary_principle.
2. https://en.wikipedia.org/wiki/Boeing_737_MAX_certification.
3. Philip Mirowski, Privatizing American Science, 2011, Harvard University Press, ISBN9780674046467.
4. https://poorvucenter.yale.edu/Antiracist-Pedagogy (accessed on 08/01/22).
5. https://en.wikipedia.org/wiki/The_Mythical_Man-Month.